AF403656

DOCUMENTS

CONCERNANT

LE HAUT-FOURNEAU

POUR

LA FABRICATION DE LA FONTE DE FER

PAR

CH. SCHINZ

INGÉNIEUR

TRADUITS DE L'ALLEMAND AVEC APPROBATION DE L'AUTEUR

PAR

E. FIÉVET

ancien élève de l'École centrale des arts et manufactures, ancien ingénieur chargé des réceptions du matériel fixe et roulant
sur diverses compagnies de chemin de fer, ancien ingénieur-directeur des fonderies et laminoirs de St-Denis,
actuellement en chef de la Société centrale des travaux de fer vicinaux.

PARIS

J. BAUDRY, ÉDITEUR

15, RUE DES SAINTS-PÈRES

— 1868 —

DOCUMENTS

CONCERNANT

LE HAUT-FOURNEAU

POUR

LA FABRICATION DE LA FONTE DE FER

PAR

CH. SCHINZ

INGÉNIEUR

TRADUITS DE L'ALLEMAND AVEC APPROBATION DE L'AUTEUR

PAR

E. FIÉVET

ancien élève de l'École centrale des Arts et Manufactures, ancien ingénieur chargé des réceptions du matériel fixe et roulant de diverses compagnies de chemin de fer, ancien ingénieur-directeur des fonderies et laminoirs de St-Denis, ingénieur en chef de la Société centrale des chemins de fer vicinaux.

PARIS

J. BAUDRY, ÉDITEUR

15, RUE DES SAINTS-PÈRES

— 1868 —

PRÉFACE DU TRADUCTEUR.

En 1865, alors que j'étais chargé du service des usines aux chemins de fer de la Vendée, j'assistai aux forges de M. de Wendel à Hayange, aux essais d'un nouveau mode de chauffage au gaz, inventé par M. Ch. Schinz.

Les idées rationnelles de l'auteur, sur le meilleur mode de production et d'utilisation de la chaleur, me portèrent à étudier de près ce système; le résultat de cette étude fut un mémoire sur la question, qui a été inséré en 1866 dans les compte-rendus des travaux de la Société des Ingénieurs civils. Plus tard, envoyé par ma Compagnie à l'usine de Graffenstaden pour suivre la construction de ses locomotives, je repris mes relations avec M. Schinz et fis connaître dans la *„Revue universelle“* de F. de Cuyper son pyromètre thermo-électrique, appareil remarquable à plus d'un titre, d'une grande sensibilité et qui permet de mesurer les hautes températures en degrés Centigrades. Je suivis en même temps ses expériences sur la résistance offerte par les morceaux de combustible dans les foyers au passage de l'air — et fis insérer ma traduction du travail qu'il publia sur ce sujet dans le *„Journal polytechnique“* de Dingler, dans les *„Annales du Génie civil“* de mai 1867. On comprendra donc, que, convaincu par ce qui précède, de la parfaite compétence de M. Schinz dans les applications de la chaleur, ayant vu de mes yeux le scrupule et la conscience qui présidaient à ses expériences, j'aie tenu à honneur, malgré la difficulté qui devait s'offrir pour moi à reprendre l'Allemand que je n'avais pas pratiqué depuis plus de vingt ans, à faire connaître en France les remarquables expériences, dont les précédentes n'étaient que les prolégomènes, qui ont conduit l'auteur, non seulement à se rendre compte des réactions qui se passent dans le haut-fourneau, mais encore, comme on devait s'y attendre, à un système qui permettra d'avoir de meilleurs produits avec une moindre consommation.

Je dois ici exprimer toute ma reconnaissance à M. Fl. Glaser, ancien élève d'une école technique d'Allemagne, attaché au service de la voie du chemin de fer du Nord, pour le secours signalé que sa connaissance approfondie des termes techniques et de la langue allemande lui a permis de me donner dans cette traduction. Puisse-t-elle être de quelque utilité à nos anciens et nouveaux camarades et à mes collègues.

Paris, septembre 1868.

E. Fiévet.

PRÉFACE DE L'AUTEUR.

Ardemment préoccupé de l'art de mesurer et d'appliquer rationnellement la chaleur aux diverses branches de l'industrie pyrotechnique, je suis arrivé naturellement à faire de l'industrie du fer l'objet de mes études.

Les lois de la nature qui régissent aussi bien la production que l'utilisation de la chaleur, sont nécessairement toujours les mêmes, quelle que puisse être la spécialité auxquelles elles s'appliquent; néanmoins chacune de ces spécialités offre ses conditions particulières qu'il faut connaître avant de pouvoir espérer aboutir à quelque succès.

A cette fin, je me suis procuré les meilleurs ouvrages qui traitent de la métallurgie du fer, ouvrages qui m'ont été désignés comme tels par les hommes spéciaux. Mais je dois dire qu'ils ne m'ont nullement satisfait et comme précisément à cette époque, a paru la nouvelle forme de haut-fourneau de M. le général-major Raschette, dont le succès incontestable en Russie a mis tout-à-coup un terme à la polémique des métallurgistes sur la forme des hauts-fourneaux, je me suis vu tenté de chercher le défaut des recherches scientifiques faites sur cette question.

Le gant, jeté de la sorte, a été relevé de plusieurs côtés avec un empressement remarquable et mon opinion a été combattue comme n'ayant aucun fondement, ce qui s'explique facilement : un homme, qui n'était pas du métier ne pouvait pas connaître les publications faites sur la métallurgie du fer. Et pour me faire toucher du doigt mon erreur, on me cita une quantité de ces ouvrages.

Dans un article anonyme publié dans le n° 45 de l'année 1863 du „*Journal autrichien des forges et des mines*“, daté de Léoben 25 octobre 1863, je suis accusé d'abord d'avoir écrit d'un ton de confiance personnelle admirable, et de tenir peu de compte des opinions et des travaux d'hommes spéciaux distingués.

Un second adversaire, anonyme aussi, a écrit dans ce sens dans le „*Berggeist*“ 1864, n°ˢ 1 et 2.

Ces répliques, on le comprend, n'étaient pas faites pour modifier ma manière de voir sur la capacité des métallurgistes allemands, au contraire. Et chacun pourra en juger par les extraits suivants des livres recommandés:

Il m'avait été cité comme type de ce genre d'ouvrages *„Studien des Hohöfeners“* de M. C. de Mayrhofer; je vais en citer quelques phrases.

Page 136 „parmi les additions aux charges, on compte aussi le fer froid, *parce qu'il a la propriété de séparer une partie du silicium dans la fonte liquide.“*

„Il faut que l'oxygène se présente avec une intensité correspondante et autant que possible uniforme, afin qu'il brûle assez vivement pour ne pas être détruit en partie par les coups de vent.“

„En déduisant de la consommation des matériaux la température qui doit avoir lieu pour la production de la fonte miroitante, elle se trouve dans les limites de 1826 et 1889 ^{0}, c'est-à-dire qu'elle est en moyenne de 1850 ^{0}.“

L'absurdité de ces phrases peut se passer de commentaire.

Parmi les ouvrages cités se trouve aussi un traité de M. Tunner, dans lequel il dit: „pour la réduction et la carburation de minerais très fusibles, la première moitié du charbon consommé sert à la fusion, l'autre à la réduction, pendant que les minerais difficilement réductibles, exigent $^{3}/_{4}$ pour la fusion, $^{1}/_{4}$ pour la réduction.“

L'anonyme du *„Berggeist“* commet aussi la même erreur; après différentes analyses des gaz des hauts-fourneaux, il calcule ainsi la consommation de charbon:

Production de la chaleur	78,18	61,78	64,68	66,06	77,14 p. $^0/_0$.
Réduction	21,52	38,22	35,32	33,94	22,86 -

Comment est-il possible que des professeurs d'une école des mines et de métallurgie pratique, ignorent que tout le carbone dans le haut-fourneau se transforme en CO et produit de la chaleur tandis que le gaz se combine chimiquement à l'oxygène de l'oxyde de fer des charges!

Mais notre adversaire du *„Berggeist“* n'est pas encore satisfait de la statique du haut-fourneau qu'il propose (quand même il s'exposerait à ma désapprobation); il calcule l'oxygène qui pénètre dans cet appareil au moyen de la section des tuyères et de la pression manomètrique et demande qu'on introduise dans le haut-fourneau le plus d'air possible pour produire plus d'acide carbonique; c'est de cette manière qu'il combat mon objection à M. Tunner.

Ce dernier a donné son opinion sur le haut-fourneau de Raschette à l'exposition de Londres dans cette phrase: „les avantages du fourneau de Raschette consistent uniquement dans une répartition meilleure du vent.“

C'est cette phrase, qui n'avait par elle-même aucun sens, que j'ai qualifiée d'oracle, car, suivant les circonstances, on peut lui donner un sens ad libitum : l'explication vient d'être donnée ; il faut traduire : répartition meilleure, par une production plus grande d'acide carbonique.

Enfin, mon adversaire anonyme de Léoben, me blâme d'exiger de grandes zones de préparation et exprime son regret que les qualités possibles du fourneau de Raschette ne puissent être utilisées dans des essais dirigés par des opinions aussi erronées sur sa construction intérieure, et ne se traduisent par des dépenses inutiles.

> Dans un chemin montant, sablonneux, malaisé,
> Et de tous les côtés au soleil exposé,
>   Six forts chevaux tiraient un coche.
> Femmes, moines, vieillards, tout était descendu :
> L'attelage suait, soufflait, était rendu.
> Une mouche survient, et des chevaux s'approche,
> Prétend les animer par son bourdonnement,
> Pique l'un, pique l'autre, et pense à tout moment,
>   Qu'elle fait aller la machine.
> S'assied sur le timon, sur le nez du cocher.
>   Aussitôt que le char chemine,
>   Et qu'elle voit les gens marcher,
>   Elle s'en attribue uniquement la gloire.

> Après bien du travail, le coche arrive au haut.
> Respirons maintenant ! dit la mouche aussitôt :
> J'ai tant fait que nos gens sont enfin dans la plaine.
> Ça messieurs les chevaux, payez moi de ma peine.

Si les publications sur le haut-fourneau peuvent revendiquer de meilleures parties et même parfois d'excellentes choses, il faut néanmoins reconnaître que cette industrie n'a nullement marché de front avec la science, car on ne trouve nulle part une statique véritable sur les quantités ou intensités caloriques, mécaniques ou chimiques, et cependant c'est là le seul moyen de tirer parti des faits constatés par l'empirisme et d'en faire un système.

Lorsque, il y a six ans, j'ai essayé d'établir cette statique avec les éléments contenus dans les livres de métallurgie, je n'ai trouvé la solution du problème qu'en partant d'hypothèses très arbitraires et sans aucun fondement.

Cette tentative m'a fait entrevoir la possibilité d'arriver à un système se rapprochant beaucoup de la vérité, en déterminant par des expériences étendues les valeurs numériques des facteurs multiples qui agissent de concert dans le haut-fourneau.

J'ai poursuivi ce but avec une persévérance qui ne s'est pas démentie pendant six années et au prix de sacrifices pécuniaires considérables, et mon espoir que des recherches consciencieuses conduiraient au but désiré, s'est complètement vérifié.

Si peut-être quelques-unes de ces déterminations laissent à désirer comme exactitude, elles permettent néanmoins de connaître l'ensemble des facteurs et d'indiquer leur rang.

Les expériences faites se résument dans les 5 catégories suivantes:

1⁰ Analyse de l'action de la combustion, surface de contact et influence de la température.

2⁰ Chaleur spécifique, latente et de combinaison des corps qui agissent dans le haut-fourneau.

3⁰ Transmission de la chaleur à l'air ambiant des parois, ce qui fait que les températures qui règnent dans le haut-fourneau sont beaucoup plus basses qu'on le croyait.

4⁰ Examen chimique de la réduction des oxydes de fer par les gaz du haut-fourneau. Ces analyses ont permis non-seulement de se rendre compte de ce qui se passe dans cet appareil, mais encore elles m'ont donné le moyen de proposer une amélioration importante de sa marche.

5⁰ Enfin les résistances offertes par la colonne de fusion conduisent sinon à des valeurs exactes, du moins d'une importance incontestable par rapport à la forme du haut-fourneau.

L'idéal de chaque industrie est non-seulement la production la plus économique de ses produits, mais aussi leur perfection. J'espère avoir réussi à démontrer que la marche rationnelle du haut-fourneau peut remplir ces deux conditions; je viens par ce travail apporter mon offrande pour y arriver.

STRASBOURG, mai 1868.

Ch. Schinz.

Introduction.

Toute science physique est nécessairement formée de trois choses: la série des faits qui la constituent, les idées qui les rappellent, les mots qui les expriment. Le mot doit faire naître l'idée, l'idée peindre le fait: ce sont trois empreintes d'un même cachet.

Cette spirituelle définition des sciences exactes, de Lavoisier, est en même temps un criterium, d'après lequel nous pouvons examiner à quel point des connaissances spéciales peuvent prétendre avoir un caractère scientifique.

Si nous appliquons ces principes à l'étude de la métallurgie et notamment au haut-fourneau, nous trouvons qu'elle est encore très loin d'avoir le droit de s'appeler une science; même les recherches qui sont surtout de son domaine, telles que la constitution de la fonte, des laitiers et des minerais, ne sont pas renfermées dans un système qui embrasse tous les phénomènes et démontre leur dépendance réciproque. De pareilles études, faites sans avoir égard aux conditions générales, ont même conduit à des préjugés, qui s'opposent au progrès réel.

Si, par exemple, on compose le lit de fusion en vue de produire un laitier qui soit un bi- ou un tri-silicate, on perd de vue le but principal, car la plus ou moins grande quantité de laitier produite influe plus que leur qualité sur la production de la fonte. C'est la proportion entre le volume des matières qui composent le laitier et celui de l'oxyde de fer qui se trouve dans la cuve, qui détermine le temps pendant lequel une quantité donnée d'oxyde de fer reste en contact avec le gaz réducteur; ainsi une diminution dans le volume du laitier augmente la quantité d'oxyde de fer exposée aux gaz dans l'unité de temps, tandis qu'une augmentation du laitier prolonge le contact entre l'oxyde de fer et les gaz réducteurs, et c'est là le point important.

Si, par exemple, on avait déterminé d'une manière quelconque, qu'il faut dix heures de contact avec des gaz réducteurs de quantité et de qualité déterminées, pour réduire complètement $100 \ K^0$ oxyde de fer $= M^3 \ 0{,}036$, il serait facile de calculer quel est le volume nécessaire, en matières formant du laitier, pour laisser l'oxyde de fer pendant 10 heures sous l'influence du courant de gaz réducteurs.

Dans ce cas, le temps, le volume de l'oxyde de fer, celui des matières qui forment le laitier, celui du charbon ou du coke, de plus la quantité et la qualité du gaz par rapport au temps, sont des valeurs numériques qui ont de certains rapports entre elles, qui, en les combinant, doivent conduire à la réduction complète du minerai en fer métallique.

Outre les six facteurs que nous venons d'énumérer, il y en a encore beaucoup d'autres, qui contribuent de la même manière au résultat final et qui, par conséquent, ont tous aussi des valeurs numériques qu'il importe de connaître, si on veut former un système et donner à nos connaissances du haut-fourneau le caractère d'une science exacte.

C'était là le problème qui était à résoudre et qui forme le sujet de ce qui va suivre.

Familier par l'étude et une longue pratique avec les applications de la chaleur, j'ai reconnu, dès le début, en étudiant les manuels sidérurgiques, que dans cette branche d'industrie, ainsi que dans toutes les autres où l'on a à faire à des températures élevées, on ne fait pas assez de différence entre l'intensité et la quantité de la chaleur, et que l'on ignore ainsi complètement un des facteurs principaux de sa statique : la transmission de chaleur à travers les parois des fours.

Ces deux inconnus, à eux seuls, suffisent pour expliquer comment il s'est fait que la métallurgie n'a pas suivi les progrès de la science, et comment même des tentatives faites pour former un système, n'ont pu aboutir.

L'opinion généralement en vogue parmi les métallurgistes, que la température, dans l'ouvrage du haut-fourneau, doit être la plus élevée possible, date de l'emploi de l'air chaud dans ces appareils, emploi par lequel on est parvenu à économiser du combustible et à produire en même temps des quantités de fonte plus grandes. Quoique l'on s'aperçût que la qualité de cette fonte fût moindre, on ne pouvait s'expliquer la dépendance de ces deux phénomènes opposés, parce que l'on partait de suppositions fausses. On croyait que la fonte et le laitier devaient avoir des points de fusion très-élevés, parce que l'on ne savait pas que la transmission par les parois, fait perdre des quantités de chaleur considérables et diminue la température ; on ne remarquait pas que celle des matières à fondre augmente à mesure qu'elles descendent dans la cuve par le courant ascendant des gaz et qu'elles arrivent dans la zone de fusion assez chaudes pour que la moindre surélévation de température détermine leur liquéfaction. Le chauffage de l'air insufflé, qui produit une augmentation de chaleur dans le fourneau et en même temps une élévation de température, fait sans doute que la fusion est plus rapide, mais aussi les charges descendent plus vite ; par conséquent leur contenance en oxyde de fer reste moins longtemps exposée au courant du gaz réducteur et arrive, avant que la réduction soit achevée, dans une zone dont la température est suffisante pour ramollir le laitier et y faire dissoudre l'oxyde ferreux non réduit. Ce laitier ferrugineux et pâteux, en enveloppant les morceaux de coke ou de charbon, se trouvant ainsi en contact intime avec du carbone solide, cause la réduction de l'oxyde ferreux qu'il contient, et, sous l'influence d'une température excessive, de la silice, des terres, du phosphore, se réduisent en même temps à l'état métallique et se réunissent au fer. Cette réduction directe par du carbone solide produit naturellement de l'oxyde de carbone et pour chaque unité en poids de carbone ainsi transformé, il y a absorption de 2400 calories. Le calorique contenu dans l'air insufflé sert alors à remplacer celui qui est ainsi absorbé : c'est à cette quantité de chaleur remplacée qu'est due l'augmentation de fonte produite sans augmentation de consommation de combustible.

Cette réduction du fer par du carbone solide se manifeste du reste aussi sans le chauffage préalable de l'air, lorsque le minerai renferme du silicate de fer ou si l'on charge des scories d'affinerie qui ne sont point attaquées par le gaz. Déjà en 1838, Mr. Ebelmen signalait ce fait : il trouvait constamment dans les gaz du gueulard un excès de carbone qui ne pouvait être brûlé par l'oxygène insufflé. Mais ce fait important a passé inaperçu par les métallurgistes et par suite n'a pas pu conduire aux conséquences que l'on aurait pu en tirer.

Le point de départ d'un système de haut-fourneau dans lequel tous les facteurs se rencontrent, est donc la réduction complète des minerais avant leur arrivée dans une région d'une température suffisante pour commencer la liquéfaction des matières qui constituent le laitier.

Mais quelle est cette température ? et dans quelle section de la cuve se manifeste-t-elle ?

Déjà cette première question et beaucoup d'autres d'où dépend la solution de la seconde, demandent un instrument, une méthode qui permettent de déterminer les hautes températures. C'était là le premier problème à résoudre et le plus difficile ; par conséquent, je commence ces documents par la description du Pyromètre thermo-électrique.

Ensuite nous nous occuperons des phénomènes de la combustion : tous les facteurs qui y influent doivent être étudiés pour leur donner leur valeur numérique.

L'emploi de la chaleur produite demande ensuite la détermination de la chaleur spécifique de tous les corps qui entrent dans le haut-fourneau pour des températures élevées, la chaleur latente et celle de combinaison ainsi que les volumes des matières, et la résistance de la colonne de fusion au courant de gaz ascendant.

La transmission de la chaleur à travers les parois, qui, il est vrai, ne peut être déterminée à priori, est cependant un facteur trop important pour ne pas lui consacrer une étude spéciale, afin de calculer son influence aussi exactement que possible.

Les lois qui régissent la réduction des minerais par les gaz réducteurs, le temps, la quantité et la qualité des gaz, l'état physique des minerais et la température, ont été le sujet d'un travail long et pénible, mais qui m'a conduit à des applications de la plus grande importance.

Au moyen des valeurs successivement obtenus, il m'a été possible de considérer ces divers facteurs, notamment dans leurs rapports entre eux et de déterminer ainsi les volumes des différentes zones, que j'ai nommées : zone de gazéfaction, zone de fusion, zone de réduction, et zone de préparation.

Le volume de la zone de réduction est naturellement le plus important, mais comme il dépend des volumes des autres zones, ils demandent tous notre attention.

Les temps de passage se déduisent de la contenance cubique de chaque zone. La teneur en fer des charges, la carburation du fer, la forme du haut-fourneau et d'autres choses analogues qui produisent l'allure et le résultat final sont ensuite examinés.

Les déductions qui peuvent se tirer de ces définitions et comparaisons faites avec le mode actuel de marche, démontrent que la quantité et l'intensité de chaleur produites par le carbone (introduit dans les charges) sont plus grandes que la fusion du fer et des scories ne l'exige; qu'en conséquence, le volume de la zone de fusion a été inutilement agrandi au détriment de la zone de réduction: de là une perte de chaleur qui n'en est pas une pour le haut-fourneau parce que la production de la fonte est augmentée au détriment de sa qualité. Par contre, l'étude des lois de réduction a prouvé qu'avec des volumes égaux de zone de réduction, l'effet peut être considérablement augmenté quand les gaz sont plus riches en oxyde de carbone.

C'est sur ce fait que j'ai fondé un nouveau système qui atteint ce but par l'élimination partielle de l'azote dans les produits de combustion. La description et l'application de ce système aux hauts-fourneaux forme la conclusion de ce travail.

Chapitre 1

Pyromètre.

On a l'habitude en traitant des appareils pyrométriques, d'énumérer et d'apprécier tous les moyens connus jusqu'alors, pour arriver nécessairement à prouver que les nouveaux que l'on propose sont préférables à tous les autres. Je fais grâce au lecteur de cet exposé, car il sait que de tous ceux proposés, à l'exception du Pyromètre à air, il n'y en a aucun qui mérite confiance et dont les indications puissent être ramenées aux degrés du thermomètre ordinaire. On sait aussi que le Pyromètre à air est trop délicat à manier pour être employé à déterminer des températures de chaque jour.

Il n'y a que le principe de la thermo-électricité, qui avait déjà été indiqué en 1830 par Becquerel père, qui puisse suffire aux besoins de l'industrie, comme moyen pyrométrique.

Le Pyromètre thermo-électrique construit par Pouillet me parut cependant trop inexact pour servir à cet usage.

Ma joie fut grande, lorsque en 1863 M. Becquerel fils reprit cette étude et substitua les éléments platine-palladium aux éléments platine-fer, le dernier s'oxydant facilement à de hautes températures; mais ma déception fut grande aussi lorsque, à mon grand chagrin, je trouvai des résultats tout autres que ceux qu'il avait décrits.

L'élément platine-palladium donnait, il est vrai, des résultats exacts aussi longtemps que l'on était au-dessous du point de fusion de l'antimoine, mais là les courants se renversaient subitement. Il m'a aussi été impossible d'arriver à des résultats quelque peu comparables en me servant des appareils à mesurer l'intensité des courants dont M. Becquerel s'est servi.

Il utilisait le rhéomètre de Weber qui consiste, comme on sait, en un aimant relié à un miroir qui suit la déviation de l'aiguille aimantée. Une règle graduée, située à 1 ou 2 mètres de là, au milieu de laquelle se trouve une lunette avec fils en croix qui se reproduit dans le miroir, indique alors, avec une exactitude admirable la déviation de l'aimant. Mais, j'ai trouvé que quand on met dans un moment donné l'aimant à 0, c'est-à-dire sur le fil en croix de la lunette, il est dévié en peu de temps par le courant variable de la terre. Ceci a lieu surtout le matin entre 10 et 11 heures et le soir entre 4 et 5 heures. Entre autres, j'ai constaté en 15 minutes une déviation de $1^{\circ}5$. La prescription de M. Becquerel de faire que cette déviation ne dépasse jamais 4° par des bobines introduites dans le courant, m'a paru encore plus inexplicable. Car, comme la résistance de la bobine change avec la force du courant, il est complétement impossible de mesurer de cette façon avec quelque exactitude l'intensité de ce courant. J'ai alors substitué aux bobines le rhéostat de Wheatstone; mais à cause de l'influence du courant terrestre dont j'ai parlé plus haut, il ne m'a pas réussi non plus. Il ne me restait donc d'autre parti à prendre que de revenir à l'élément platine-fer et de construire un appareil à mesurer les courants qui tournât les difficultés mentionnées plus haut. J'y ai réussi par la construction d'un grand rhéomètre à torsion, comme le présente la fig. 1. AA est un cadre hexagonal de $1^m 10$ de hauteur, dont les 6 faces sont garnies de verre; il repose sur des vis $a\,a$, qui permettent de placer l'instrument parfaitement horinzontal. Sur ce cadre et dans l'axe, est fixé un tube en bronze b, dans lequel se meut un second tube qui porte un pignon cône c, et en haut la poulie à entailles d, sur laquelle s'enroule un fil d'argent fin ff, qui pend par le tuyau vertical dans le châssis. A ce fil est suspendue l'aiguille astatique ee, qui a 30^{cm} de longueur. La figure 2 montre le cadre du rhéomètre fabriqué en cuivre épais sur lequel se trouve enroulé le fil du multiplicateur, avec les aiguilles astatiques au milieu. La figure 3 est la vue par dessus, la figure 4 la section verticale. Mais comme pour se servir de ce rhéomètre, l'aiguille astatique doit se trouver très exactement dans la direction du méridien magnétique, j'ai appliqué en haut du bâti $A\,A$, une boussole g; pour que l'aiguille astatique puisse prendre exactement la position indiquée dans la fig. 3 quand le courant n'y passe pas, la poulie d peut tourner indépendamment avec ses supports et on n'en fixe la vis calante au tube qui porte le pignon cc, que quand l'aiguille est dans la position indiquée plus haut. L'alidade hh, fig. 1, est fixée à un axe qui porte le pignon cônique ii, qui engrène avec une roue cc. Quand elle tourne sur le cercle gradué kk, le tube auquel cc est fixé tourne aussi avec lui, ainsi que la poulie d, et, par suite, le fil ff et l'aiguille astatique ee, suspendue à ce dernier.

Quand un courant électrique passe par les fils conducteurs ll et par le multiplicateur (fig. 2 et 4) l'aiguille ee est déviée de sa direction d'autant plus que le courant sera plus intense. Cette intensité sera mesurée en tournant l'alidade hh sur le cercle gradué kkk, jusqu'à ce que l'aiguille soit au zéro, c'est-à-dire dans la direction du méridien. Le cercle étant divisé en 360^0, la position de l'alidade indique l'angle de torsion du fil d'argent nécessaire pour vaincre l'intensité du courant qui a dévié l'aiguille. Cette force peut devenir plus grande ou plus petite si l'état astatique de l'aiguille change, c'est pourquoi cet état doit pouvoir être constaté.

On se sert, pour cela, des appareils représentés fig. 5 et 6 : fig. 5, section transversale; fig. 6, vue par dessus. ff sont treize couples thermo-électriques consistant en fils de zinc et de nickel. Les points de contact de ces treize couples plongent alternativement dans les bacs β et β'; β est rempli d'eau que l'on porte chaque fois exactement à la température de 30^0; β', par contre, comprend 3 enveloppes l'une dans l'autre, dont la supérieure est remplie de paraffine; l'enveloppe a reçoit un courant de vapeur provenant de la petite chaudière k, et le tuyau b sert à purger la vapeur condensée. L'enveloppe extérieure contient simplement un matelas d'air pour s'opposer à la condensation de la vapeur.

Quand cette vapeur aura agi un certain temps en a, la paraffine sera chauffée à 100^0, on portera l'eau à la température indiquée plus haut: la pile thermo-électrique plonge ainsi dans deux températures constantes qui donnent un courant constant. Ce courant, conduit dans le multiplicateur, indique le nombre des degrés que l'alidade a à parcourir pour ramener l'aiguille dans son méridien.

Si, par exemple, un premier essai après achèvement du rhéomètre a donné pour l'élément zinc-nickel, une torsion de 905⁰, et ensuite après quelque temps 897⁰, cela démontre que l'aiguille a perdu de son astaticité dans la proportion $\frac{905}{897} = 1{,}008918$; par conséquent, aussi longtemps que l'aiguille se trouve dans cet état, les degrés de torsion indiqués doivent être corrigés en multipliant par ce coefficient. L'état astatique des aiguilles change facilement et subitement, ou quand on les laisse tomber, ou quand elles se touchent, ou encore quand on les touche avec du fer. Il faut éviter toutes ces choses. Mais aussi quand les aiguilles restent suspendues, leur état change graduellement, parce que celle qui se trouve dans le méridien magnétique devient plus forte, et l'autre, dans la direction opposée, plus faible. La meilleure manière d'éviter ce changement dans l'état astatique, consiste à laisser descendre, après chaque opération, le fil, jusqu'à ce que l'aiguille supérieure touche le cadre du rhéomètre; on la tourne alors de façon qu'elle se trouve perpendiculaire au méridien. Moyennant ces précautions, il m'est arrivé de maintenir le mien astatique; néanmoins, je conseille, pour plus de sûreté, de procéder de temps à autre à la vérification.

Une autre cause de variation dans le nombre des degrés indiqués, est que la conductibilité des fils conducteurs et du multiplicateur change avec la température. On fera alors la correction en multipliant le nombre des degrés de torsion indiqués, par $1 + xt$, où $x = 0{,}004097$ et t la température ambiante.

Dans le tableau ci-après, nous indiquons les logarithmes des coefficients de correction d'après les températures.

Tableau des Coefficients de correction pour la résistance à la conductibilité des fils de cuivre.

Température normale $= 13{,}5^0$ C.; $x = 0{,}004097$.

Température de l'air. Degrés.	Log $1 + xt$.	Température de l'air. Degrés.	Log $1 + xt$.	Température de l'air. Degrés.	Log $1 + xt$.	Température de l'air. Degrés.	Log $1 + xt$.
0	0,97529 —1	9	0,99192 —1	18	0,00793	27	0,02338
0,5	0,97623 —1	9,5	0,99282 —1	18,5	0,00881	27,5	0,02422
1	0,97717 —1	10	0,99373 —1	19	0,00968.	28	0,02506
1,5	0,97811 —1	10,5	0,99463 —1	19,5	0,01055	28,5	0,02590
2	0,97904 —1	11	0,99553 —1	20	0,01141	29	0,02674
2,5	0,97997 —1	11,5	0,99643 —1	20,5	0,01228	29,5	0,02757
3	0,98090 —1	12	0,99732 —1	21	0,01314	30	0,02840
3,5	0,98183 —1	12,5	0,99822 —1	21,5	0,01487	30,5	0,02924
4	0,98276 —1	13	0,99911 —1	22	0,01401	31	0,03007
4,5	0,98368 —1	13,5	0,00000	22,5	0,01573	31,5	0,03090
5	0,98461 —1	14	0,00089	23	0,01658	32	0,03173
5,5	0,98553 —1	14,5	0,00178	23,5	0,01744	32,5	0,03256
6	0,98645 —1	15	0,00266	24	0,01829	33	0,03338
6,5	0,98736 —1	15,5	0,00354	24,5	0,01914	33,5	0,03420
7	0,98828 —1	16	0,00443	25	0,01999	34	0,03502
7,5	0,98919 —1	16,5	0,00531	25,5	0,02084	34,5	0,03584
8	0,99010 —1	17	0,00618	26	0,02169	35	0,03666
8,5	0,99101 —1	17,5	0,00706	26,5	0,02254		

Comme on sait, l'intensité d'un courant électrique est déterminée par la différence de température entre les points de contact des éléments. Dans nos observations, une des températures est inconnue, nous sommes obligés de mesurer l'autre. On met l'élément xx, fig. 1 par une de ses extrémités dans la source de chaleur à déterminer; l'autre passe dans un vase W, rempli d'eau, dont la température est connue au moyen d'un thermomètre.

Malheureusement, les intensités des courants de l'élément thermo-électrique ne sont pas proportionnelles aux différences de température qui les produisent. Il faut, par conséquent, au préalable établir un tableau par la comparaison des degrés produits par les courants du pyromètre thermo-électrique avec les degrés du pyromètre à air, ce tableau donne l'intensité du courant par degré de température. Le mode de procéder a été décrit en son temps, dans le *Journal Poly-technique* de Dingler (Vol. XV, pag. 85) et par M. Fièvet dans la *Revue universelle des Mines et de la Métallurgie* de F. de Cuyper de 1866; je ne le répète donc pas.

Par rapport aux éléments thermo-électriques, platine et fer, je ferai encore remarquer que la longueur et le diamètre des fils ainsi que la qualité des métaux doivent rester constants pour que les courants produits par eux soient identiques.

Comme le fer, surtout à de hautes températures, s'oxyde facilement, je fais couper douze fils de fer d'une même botte pour pouvoir les remplacer facilement, afin de n'avoir pas à craindre d'inexactitude notable aux observations. Le fer s'oxyde même dans un tube de même métal rempli de sable siliceux, en formant avec lui du silicate de fer. Cette oxydation est moins à craindre quand on entoure les fils de chaux calcinée et pulvérisée. Une autre cause de perturbation, c'est que la conductibilité des fils est très altérée quand ils ont été fortement chauffés pendant un certain temps. Si on veut avoir des résultats comparables, il faut plonger les fils à la même profondeur dans l'espace dont on veut mesurer la température.

Pour cette détermination, il faut toujours trois observations : la température de l'air ambiant, la température de l'eau dans le vase W, où sont reliés les fils thermo-électriques avec les fils de cuivre, et le nombre de degrés que l'alidade a à parcourir pour faire revenir l'aiguille astatique à 0.

Cette dernière valeur se corrige en additionnant son logarithme avec celui du coefficient de correction de la conductibilité des fils et celui de la proportion qui donne la correction de l'astaticité de l'aiguille.

Soit, par exemple, la torsion constatée $= 889^0$ . . . . . $= $ log. 2,49899
la température de l'air 7^0, nous aurons d'après le tableau ci-dessus $= $ „ 0,98828 —1
et la correction de l'état de l'aiguille $= 1{,}0008918$ . . . . . $= $ „ 0,00385
log. 2,94103

et la véritable valeur pour la torsion est 873,04.

On cherche alors 873 dans la table qui contient les valeurs de torsion et la température correspondante; on trouve dans ce cas 1159^0; mais comme le courant est produit par la différence de température des points de contact, nous aurons encore à ajouter au chiffre précédent celle de l'eau en W, soit 17^0; la température effective que nous avons mesurée est donc de 1176^0.

Au lieu d'employer l'élément thermo-électrique en forme de fil, j'ai trouvé plus commode pour mes expériences de prendre, d'après les indications de M. Pouillet, un tube en fer, fermé par un bouchon aussi en fer, dans lequel le fil de platine est soudé au centre. Ceci n'est praticable que quand l'élément ainsi préparé est porté dans un espace rempli de gaz réducteurs qui en rendent l'oxydation impossible.

Chapitre 2.

De la combustion.

On sait qu'on entend par combustion la combinaison de l'oxygène de l'air avec le carbone et l'hydrogène contenus dans les combustibles. Les produits qui en résultent ne sont pas toujours les mêmes; ils changent dans différentes circonstances que nous aurons à examiner. Il en est de même pour la quantité et l'intensité de la chaleur produites par cette réaction.

Les circonstances qui peuvent modifier les produits de la combustion, sont les suivantes:

a) l'étendue de la surface de contact qu'offre le combustible à l'air ou à l'oxygène dans l'unité de temps;

b) le degré de température du foyer;

c) la pureté et la sécheresse de l'air qui sert à la combustion;

d) la pression plus ou moins forte sous laquelle la combustion a lieu.

La chaleur produite est:

a) 8000 calories pour 1 kilogramme de carbone, quand on ne forme que de l'acide carbonique;

b) 2400 calories quand ce même carbone produit de l'oxyde de carbone.

L'hydrogène libre dans le combustible produit toujours de l'eau à une température suffisante, ce qui occasionne un dégagement de 34000 calories pour l'unité de poids brûlée; si la température n'est pas assez élevée, il se forme des hydro-carbures.

L'intensité de la chaleur dépend:

a) du mélange de substances étrangères à la combustion, comme l'azote et la vapeur d'eau dans les gaz sortant du foyer, ce qui en diminue l'effet;

b) de la quantité effective de chaleur produite;

c) de la pression sous laquelle se forment ces p oduits.

Nous allons examiner plus loin toutes ces conditions.

Chapitre 3.

Surface de contact.

Une action chimique entre deux corps ne peut avoir lieu, quelque grande que soit leur affinité, qu'à la condition qu'ils soient en contact intime, et la rapidité de cette action est d'autant plus grande que les points de contact sont plus nombreux; par suite la même masse de combustible présentera d'autant plus de points de contact à l'oxygène qui doit réagir sur elle, que les morceaux seront plus petits. Nous trouvons la confirmation de ce qui précède dans la méthode fort connue en Amérique dans les derniers temps, du courant à poussière.[1]) Cette méthode consiste à souffler le combustible à travers l'air chauffé,

---

[1]) *Note du traducteur.* Les systèmes Payen et Corbin, surtout ce dernier, essayés en France, il y a plus de vingt ans, ressemblent beaucoup à ce système. Voir le traité de la chaleur de Péclet. Voir aussi mon mémoire sur la combustion dans les Bulletins de la Société des Ingénieurs civils de 1867.

dans le four, ce qui produit une combustion intense. Je ne crois pas cependant que cette méthode ait de l'avenir, parce qu'il ne sera jamais possible de mélanger l'air et le combustible dans une proportion même approximative, et parce qu'il est moins cher et plus rationnel de transformer le combustible en gaz comburant qui alors brûle avec la quantité d'air exacte qui lui convient.

Pour connaître d'une manière plus précise l'influence de la surface de contact sur la combustion, je vais faire connaître les résultats d'une série d'expériences que j'ai entreprises dans ce but.[1]

A cet effet, j'ai fait préparer des morceaux de combustible autant que possible du même volume de 35, 30 et 20^{mm} de diamètre; nous aurons une valeur approchée de la surface de contact en les considérant comme des sphères.

Soient alors: l le côté du mètre cube,

d le diamètre des boules,

n^3 le nombre de morceaux contenus dans un mètre cube,

nous aurons:

$$n^3 = \left(\frac{l}{d}\right)^3$$

c'est-à-dire qu'un mètre cube contiendra

pour les morceaux de 35^{mm}

$$\left(\frac{1000}{35}\right)^3 = 23322$$

pour ceux de 30

$$\left(\frac{1000}{30}\right)^3 = 37038$$

et pour ceux de 20

$$\left(\frac{1000}{20}\right)^3 = 125000$$

La surface de chacun de ces morceaux considérés comme boules, sera:

$$(0{,}035)^2 \times \pi = 0{,}0038485$$
$$(0{,}030)^2 \times \pi = 0{,}0028274$$
$$(0{,}020)^2 \times \pi = 0{,}0012567$$

Quand on connaît le profil transversal du foyer et la hauteur de la couche de combustible au-dessus de la grille, il est facile de calculer le volume et de là la surface de contact que les morceaux offrent au courant d'air.

Pour connaître le volume et la vitesse de l'air affluent, nous n'avons qu'à calculer l'espace qui se trouve entre les morceaux de combustible et le volume d'après la consommation par heure et l'analyse des produits de la combustion.

L'espace entre les morceaux de combustible pour une même surface est toujours le même, quelle que soit leur grandeur, car il est de:

$$(1-n^2)\ d^2\ \pi = S.$$

Pour les boules de 30^{mm} de diamètre, par exemple, leur nombre serait pour une surface de 1 mètre carré:

$$n^2 = \left(\frac{l}{d}\right)^2 = 1111$$

de là l'espace libre

$$1 - \left(1111 \times \frac{0{,}03^2 \times \pi}{4}\right) = 0{,}2146$$

---

[1] *Note de traducteur.* Ces expériences publiées par M. Schinz dans le Journal polytechnique de Dingler en 1867, ont été traduites par moi et insérées dans le No. des Annales de Génie civil de Mai 1867.

et pour celles de 20^{mm}

$$1 - \left(2500 \times \frac{0{,}02^2 \times \pi}{4} \right) = 0{,}2146$$

L'analyse chimique des produits de la combustion nous fait connaître la proportion des différents gaz, mais non leur volume absolu; mais si on connaît leur consommation par heure, on peut de là calculer le volume absolu des produits de la combustion.

Par exemple, pour une consommation par heure de 0,8 k⁰. de coke qui contiendrait 0,692 k⁰. carbone = 0,6451 mc. en volume, et l'analyse donnant:

18,1155 volume pour cent de CO^2

1,431 „ „ „ „ CO

qui contiennent, le premier 9,0775 volumes de carbone

le second 0,7155 „ „ „

en tout 9,7930 volumes de carbone;

en cherchant le rapport du nombre trouvé dans cette analyse 9,793 à 0,451, nous aurons:

Az 76,196	Volumes	= 3,987	Mètres cubes	=	3,987	Az
O 0,620	-	= 0,040842	-	=	0,040842	O
CO^2 18,155	-	= 1,195900	-	=	1,195900	O
CO 1,431	-	= 0,094265	-	=	0,0471325	O
HO 0,735	-	= 0,048416	-			
H 2,863	-	= 0,188600	-			
100,000	Volumes	= 5,555023 mètres cubes ayant demandé 5,2708745 mètres.				

air atmosphérique à 0⁰.

Si donc la section transversale du foyer = 0,0241407 mètres carrés, l'espace restant entre les morceaux de coke sera

$$0{,}0241407 \times 0{,}2146 = 0{,}00518$$

et la vitesse par seconde avec laquelle le volume d'air affluerait sera:

$$\frac{\text{Volume}}{3600 \times \text{sections}} = \frac{5{,}555023}{3600 \times 0{,}00518} = 0{,}29789 \text{ mètre.}$$

Les volumes de combustible employés dans mes expériences étaient:

0,062 hauteur de couche $\times$ section moyenne du foyer 0,0241047 = 0,0014967 m. cubes,

0,124 - - - $\times$ - - - - 0,032655 = 0,0040491 - -

0,186 - - - $\times$ - - - - 0,04246 = 0,0078975 - -

Pour un mètre cube, les morceaux de combustible avaient:

Pour 35 mmètres diamètre 90 mètres surface de contact,

- 30 - - 105 - - - -

- 20 - - 157 - - - -

Et de là la surface de contact pour le volume contenu dans le foyer, correspondant aux diverses hauteurs de couche, est:

	de 35 mmètres	de 30 mmètres	de 20 mmètres
Pour les hauteurs de 0,062 =	0,1347 m. carrés,	0,15715 m. carrés,	0,23498 m. carrés,
- - - - 0,124 =	0,36444 - -	0,42519 - -	0,63576 - -
- - - - 0,186 =	0,71077 - -	0,82924 - -	1,2399 - -

Divisant donc la vitesse obtenue de l'air affluent par cette surface de contact, le quotient exprime la vitesse de l'air pour 1 mètre carré de cette surface.

Le rapport que ce quotient exprime nous donne le moyen d'apprécier si la combustion est plus ou moins complète; si la vitesse est trop grande, les produits de la combustion contiendront de l'air nou altéré; si la vitesse est trop petite, le foyer laissera, echapper des gaz non consumés.

Pour faire l'analyse chimique des gaz, j'ai d'abord employé la méthode de Bunsen, mais je l'ai bientôt abandonnée, et j'ai préféré l'analyse quantitative qui m'a permis de faire passer pendant 1 heure par l'appareil le courant de gaz.

L'appareil qui a servi à mes expériences est représenté fig. 7. Le gaz désiné à l'analyse passe d'abord en A, tube en U contenant du chlorure calcique, puis en B, tube à brûler contenant une dissolution de potasse pour absorber l'acide carbonique contenu dans le gaz, ensuite en C rempli de chaux éteinte dans la soude caustique, destiné à absorber la vapeur d'eau et le CO^2 qui pourraient s'échapper de B. Le tuyau D à travers lequel le gaz passe alors, est rempli de quelques grammes de phosphore qu'on a fait fondre pour les répartir sur la moitié des parois du tuyau; l'autre moitié allant vers E, est remplie de coton pour retenir les vapeurs d'acide phosphorique. Ce tuyau sera maintenu à une douce chaleur, par une lampe à alcool, pour que le phosphore puisse absorber l'oxygène libre contenu dans le gaz. Le tuyau E est rempli d'oxyde de cuivre maintenu rouge par des charbons contenus dans un fourneau de combustion en tôle, qui brûle l'oxyde de carbone en produisant de l'acide carbonique qui est enfin absorbé par un tube à potasse, après que l'hydrogène qui pourrait s'y trouver aura été retenu sous forme d'eau par le tube F rempli de chlorure de calcium. En H est un tube dernier, contenant de la chaux imbibée de soude et remplissant le même but que le tube C.

Les gaz étaient attirés par l'aspirateur J munis d'un manomètre, pour pouvoir estimer d'une manière approchée le volume de l'azote; d'ailleurs l'eau s'écoulait dans un vase jauge. L'ouverture d'écoulement était telle qu'il fallait 1 heure pour remplir 2 litres, et par seconde 0,5555 centimètres cubes de produits de combustion passaient par l'appareil. Quand les deux litres d'eau étaient écoulés, on faisait encore passer dans l'appareil 1 litre d'azote, après avoir ajouté un tube rempli de phosphore et un autre d'hydrate de potasse. Enfin on finissait par faire encore aspirer de l'air atmosphérique. De cette manière, chaque fois que l'on avait à faire une analyse, on avait l'appareil rempli d'azote sec. Cette opération était faite dès le commencement de l'analyse.

L'appareil à combustion dont je me suis servi est un petit fourneau de laboratoire avec chaudière à eau chaude et appareil de distillation. (Voir fig. 8.)

La grille, qui consiste en un cadre mobile, n'a pas plus de 13 centimètres de côté et est carrée: 0,0169 est sa surface. Le passage réservé à l'air est environ $1/3$ de cette surface.

Le foyer s'élargit en haut, à partir de la grille, de manière que lorsque la hauteur de couche augmente, la coupe en travers faite par le milieu, augmente aussi.

Le tuyau courbe a arrive verticalement dans la partie inférieure de la cheminée B et sert, partie pour se rendre au manomètre, partie pour conduire à l'appareil qui sert à analyser les gaz au moyen d'un tuyau en cautchouc adapté latéralement.

Le manomètre C est bien le plus sensible que l'on puisse employer pour de telles expériences: la dépression dans la cheminée B est cependant si faible que les degrés du manomètre peuvent à peine se remarquer, car la direction oblique du tube du manomètre, donne pour 144 millimètres de l'échelle 1 millimètre de pression réelle, de sorte que la capillarité dépasse quelquefois la pression.

Les mesures de température dans la cheminée sont d'une grande valeur. La pièce O, renfermée dans la cheminée, contient l'élément thermo-électrique, composé de cuivre et de laiton, entouré et isolé par du sable quartzeux. L'appareil à refroidir pp et le rhéomètre à torsion SS, sont les mêmes déjà décrits plus haut.

Comme les morceaux de combustible placés dans le foyer diminuent de grosseur par la combustion, il a fallu pour rendre les résultats comparables, tenir compte de cette circonstance que le feu a été entretenu pendant 7 à 8 heures et que l'on n'a procédé à l'analyse que quand le foyer et la cheminée ont été complètement chauffés. Les constations de température à la cheminée et de pression au manomètre avaient toujours lieu pendant 5 heures et pendant la dernière analyse de 7 à 8 heures.

Pour arriver à avoir dans le foyer un volume constant de combustible, nous avons appliqué dans le foyer d'après la hauteur de couche en observation, un cadre en fer que l'on maintenait toujours plein. Tous les quarts d'heure, à chaque observation du pyromètre et du manomètre, nous rétablissions le niveau dans le foyer, en notant le poids du combustible ajouté.

Dans le tableau suivant, nous avons résumé les résultats de 9 expériences sur le coke et de 3 expériences sur l'anthracite.

1.	2.	3.	4.	5.	6.	7.	8.	9.	10.	11.	12.	13.
Nros. des Expériences.	Diamètres en mm. des morceaux do coke.	Hauteurs de couche en mètres.	Consommation par heure en kilogr.	Contennance du Combustible.		Volume de carbone en mètres.	Analyse volumétrique des produits de la combustion.					
				C	HO		Az	O	CO^2	CO	HO	H
Coke.												
I.	35	0,062	0,6	0,519	0,012	0,4838	77,54	12,79	7,77	0	1,99	0
II.	35	0,124	1	0,865	0,020	0,80637	77,93	7,38	13,29	0	1,40	0
III.	35	0,186	1,2	1,038	0,024	0,96764	79,04	0	20,96	0	0	0
IV.	30	0,062	0,6	0,519	0,012	0,4838	77,62	0,584	11,00	0	1,796	0
V.	30	0,124	0,8	0,692	0,016	0,6451	78,427	5,233	15,562	0	0,737	0
VI.	30	0,186	0,8	0,692	0,016	0,6451	78,336	1,066	19,446	0,518	0,486	0,148
VII.	20	0,062	0,6	0,519	0,012	0,4838	77,629	9,208	11,282	0	2,241	0
VIII.	20	0,124	0,8	0,692	0,016	0,6451	76,196	0,620	18,155	1,431	0,735	2,868
IX.	20	0,186	0,8	0,692	0,016	0,6451	69,876	0,439	6,499	23,186	0	0
Anthracite.												
X.	25	0,062	0,5	0,4268	0,04957 H0,01029	0,89787	77,276	10,981	9,512	0	2,231	0
IX.	25	0,124	0,8	0,68288	0,07932 H0,01646	0,6366	73,048	7,319	11,783	0,538	0,2266	0,5289
XII.	25	0,186	0,8	0,68288	0,07932 H0,01646	0,6366	76,679	12,529	7,392	0,068	0,495	2,837

14.	15.	16.	17.	18.	19.	20.	21.	22.
Somme.	Volume de C dans les produits.		Volumes de produits de la combustion par heure d'après l'analyse.					
	en CO^2	en CO	Az	O	CO^2	CO	HO	H

Coke.

14.	15.	16.	17.	18.	19.	20.	21.	22.
100	3,885	0	9,6559	1,5927	0,96759	0	0,2366	0.
					12,45279			
100	6,645	0	9,4568	0,89556	1,61271	0	0,16989	0
					12,13495			
100	10,480	0	7,2978	0	1,9353	0	0	0
					9,2331			
100	5,500	0	6,8277	0,84303	0,96793	0	0,15798	0
					8,796064			
100	7,781	0	6,5058	0,43385	1,2902	0	0,061103	0
					8,290953			
100	9,723	0,259	5,0626	0,068891	1,25670	0,033477	0,031408	0,0095647
	9,982				6,4626407			
100	5,641	—	6,6269	0,78972	0,9676	0	0,1922	0
					8,57642			
100	9.0775	0,7155	3,987	0,040842	1,1959	0,094265	0,042416	0,18863
	9,7930				5,549023			
100	3,2995	11,593	3,037	0,01908	0,28246	1,0077	0	0
	14,8925				4,34624			

Anthracite.

14.	15.	16.	17.	18.	19.	20.	21.	22.
100	5,756	—	6,6646	0,9186	0,7957	0	0,1866	0
					8,3655			
100	5,8915	0,269	7,5485	0,7563	1,2176	0,0555	0,2266	0,5289
	6,1605				10,3334			
100	3,696	0,034	13,087	2,1383	1,2616	0,0116	0,0845	0,4842
	3,730				17,0672			

23.	24.	25.	26.	27.	28.	29.	30.	31.
Volume d'air nécessaire pour ces produits à 0°.				Volume d'air necéssaire par seconde en mètre cub.	Surface de contact en mètres car.	Espace libre entre les morceaux de combustible dans la section moyenne en mètres car.	Vitesse de l'air entre les morceaux de combustible en mètres.	Vitesse de l'air par mètre carré de surface de contact.
Az	O de CO^2	O de CO	O libre					
Coke.								
9,6559	1,5927	0	0,96759	0,00339	0,1347	0,0051725	0,6554	4,864
	12,21619							
9,4568	0,89556	0	1,6127	0,003324	0,3644	0,007008	0,4744	1,302
	11,96506							
7,2978	1,9353	0	0	0,002565	0,71077	0,009112	0,2815	0,39605
	9,2331							
6,2277	0,84803	0	0,96793	0,0023996	0,15715	0,0051725	0,46391	2,952
	8,63866							
6,5058	0,43385	0	1,2902	0,002286	0,42519	0,007008	0,3261	0,7672
	8,22985							
5,0626	1,2567	0,016738	0,068891	0,0017791	0,82924	0,009112	0,19525	0,28546
	6,404929							
6,6269	0,78972	0	0,9676	0,002329	0,23498	0,0051725	0,45027	1,9162
	8,38422							
3,987	1,1959	0,0471325	0,040842	0,0014641	0,63576	0,007008	0,20892	0,3286
	5,2708745							
3,037	0,28246	0,50385	0,01908	0,0006673	1,2399	0,009112	0,11713	0,09447
	3,84239							
Anthracite.								
6,4646	0,7957	0	0,9186	0,002269	0,1960677	0,0051728	0,4386	2,237
	8,1789							
7,5485	1,2176	0,02775	0,7563	0,002658	0,5304714	0,007008	0,37857	0,7137
	9,55015							
13,087	1,2616	0,0058	2,1383	0,004581	1,0345725	0,009112	0,5027	0,4859
	16,4927							

Le calcul de ces essais est le suivant:

L'essai X par exemple donne pour la consommation par heure K^0 0,5 qui contiennent K^0 0,4268 de carbone $= 0,39787$ m³, puis K^0 0,04257 eau et K^0 0,01029 *H*.

L'analyse des produits de la combustion donne :

En volumes Az 77,276

\- O 10,981

\- CO^2 9,512 $=$ 4,756 C

\- HO 2,231

100,000

Comme le carbone dans le combustible est aux produits de la combustion dans la proportion de 0,39787 à 4,756, le volume effectif des produits de la combustion sera

$$\frac{4,756}{0,39787} = \frac{77,276}{x}$$

et nous obtiendrons :

Produits de la combustion formés de		air atmosphérique	
En mètres cubes 6,4646 Az	$=$	Mètres cubes 6,4646 Az	
- 0,9186 O	$=$	- 0,9186 O	
- 0,7957 CO^2	$=$	- 0,7957 O	
- 0,1866 HO		—	
M^3 8,3655		m^3 8,1789	

Et de là, le volume d'air par seconde $= \dfrac{8,1789}{3600} = 0{,}00227$ m³.

La surface de contact correspondante à la hauteur de couche est 0,1960677 m². Le vide entre les morceaux de coke dans la section moyenne est 0,0051728 m², et de là la vitesse entre les morceaux $= 0{,}04386$ alors x étant la vitesse par mètre carré de surface de contact

$$\frac{0,1960677}{1} = \frac{0,4386}{x} \quad x = 2{,}237.$$

Si nous établissons le résultat final, en classant les expériences d'après les vitesses de l'air par mètre carré de surface de contact $= V$, en plaçant en regard les gaz combustibles $= G$ et l'excédant d'air $= L$, nous aurons :

	I.	IV.	VII.	II.	V.	VIII.	III.	VI.	IX.
$V =$	4,865	2,952	1,916	1,302	0,767	0,328	0,396	0,235	0,094
$L =$	61,0	45,7	43,9	35,2	24,9	2,9	0	5,1	2,2 pour %
$G =$	0	0	0	0	0	CO 1,431 H 2,863	0	CO 0,518 H 0,184	CO 23,186

Les résultats ne concordent pas parfaitement, mais il fallait s'y attendre, parce que la nature de la surface de contact ne permet qu'une approximation ; une concordance même moins grande eût pu suffire dans ces circonstances.

Ces essais conduisent aux conclusions suivantes :

1⁰ La combustion parfaite dépend de la surface de contact par rapport à la vitesse de l'air introduit.

2⁰ La combustion pourra devenir parfaite pour une vitesse de 0,39 par mètre carré de surface de contact.

3⁰ La diminution de la vitesse donne lieu à la présence de gaz combustibles dans les produits de la combustion.

4⁰ A une vitesse de 0,009, presque toute le carbone se transforme en oxyde de carbone.

Quand nous avons calculé la surface de contact, nous n'avons tenu compte que de la surface extérieure ; en réalité elle est beaucoup plus grande, parce que le coke est très poreux. Cette cause augmente naturellement beaucoup la surface de contact. Le charbon de bois est encore plus poreux, mais l'anthracite et la houille ne le sont pas du tout: tout combustible se comporte donc, sous ce rapport, suivant une loi particulière.

Pour le démontrer, nous avons fait encore trois essais avec l'anthracite qui ont donné:

	X.	XI.	XII.
$V =$	2,937	0,7137	0,4589 mètres
$L =$	52,4	34,9	59,7 pour %
$G =$	0	CO 0,538	CO 0,116
		H 5,149	H 0,4842

Ce dernier essai n'est pas comparable aux précédents, parce que après six heures de feu et une telle hauteur de couche, le foyer contenait plus de scories que de combustible.

Les résultats X et XI sont comparables avec

	VII	et	V.
$V =$	1,916		0,767
$L =$	43,9		24,9
$G =$	0		0

Ces résultats démontrent que l'anthracite, en raison de sa densité, offre moins de surface de contact que le coke, parce qu'il a donné, à une vitesse d'air presque égale, plus d'excès d'air dans les produits de la combustion.

J'ai voulu poursuivre ces essais par une autre voie plus exacte et j'ai trouvé que l'influence de la température est beaucoup plus grande sur les produits de la combustion que celle de la surface de contact, c'est pourquoi j'y fais l'objet d'un chapitre à part.

Chapitre IV.

Influence de la température sur la combustion.

Pour continuer la recherche de l'influence de la surface de contact des divers combustibles, j'ai fait scier du sapin, du hêtre et du chêne par petits cubes de 5^{mm} de côté, et les ai carbonisés en les mélangeant et couvrant avec du fer carbonaté spathique. Je les ai fait rougir dans un creuset et j'ai formé une masse plastique avec de la houille menue et de la gomme arabique, dont j'ai fait des pilules de 5^{mm} de diamètre; je les ai ensuite carbonisées comme le bois. Les cubes et les boules obtenus ainsi d'une forme régulière et calibrés exactement ont été placés dans un tube de porcelaine de 22^{mm} de diamètre qui a été mis au milieu du foyer d'un poêle. L'une des extrémités du tuyau, restée ouverte, a été munie d'un bouchon de liège percé pour recevoir un tube en verre, relié par un cautchouc à un aspirateur. (Fig. 9 et 10.)

J'avais, pour plus de facilité, trois de ces appareils pour pouvoir faire chaque fois trois essais consécutifs; ils étaient remplis d'huile d'olive de manière que les gaz aspirés ne pussent pas se condenser. La fig. 9, représente une élévation de l'aspirateur, la fig. 10 une section transversale. La clé du robinet porte une aiguille qui indique sur un écran gradué $a\,u$ la section d'écoulement qui varie d'après la position de l'aiguille, de sorte que l'huile peut s'écouler dans un temps variable de 6 à 60 minutes.

Pour enfermer complètement le gaz dans l'aspirateur, j'y ai adapté les robinets B et B'. L'analyse des gaz a été faite à l'aide d'un appareil semblable à celui décrit dans le chapitre III fig. 7, avec cette différence que le tuyau à phosphore D a été supprimé, et au lieu de soutirer le gaz par l'aspirateur T, on l'a poussé, en introduisant dans le vase qui le contenait, du liquide de l'aspirateur à huile qu'on avait tourné sens dessus dessous.

Le calcul des résultats de l'analyse a été simplement le suivant:

Trouvé CO^2 = Gr. 0,7935 = Litres 0,40348 renfermant Litres 0,40348 O

CO = - 0,1340 = - 0,10707 - - 0,053535 O

Litres 0,457015 O

on aura alors:

$$20,96\ O : 79,04\ Az = 0,457015\ O : x\ .\ Az = 1,7234 \text{ Litres}$$

et ainsi en centièmes:

Litres 0,40348 CO^2 = 10,061

- 0,10707 CO = 4,793

- 1,72340 Az = 77,146

Litres 2,23395 = 100,00

J'ai fait un très grand nombre de ces essais et analyses, sans pouvoir obtenir des résultats quelque peu comparables; j'ai enfin remarqué que la température à laquelle on maintient les morceaux de charbon dans le tuyau a une influence beaucoup plus grande que la surface de contact sur les résultats. J'ai alors placé le tuyau de porcelaine dans une moufle et à côté l'élément thermo-électrique pour obtenir la température. Les résultats obtenus de la sorte n'ont pas été aussi exacts que je l'aurais désiré, mais ils m'ont donné des valeurs approximatives. La cause de ces imperfections s'explique, parce que le charbon contient dans ses pores de l'air condensé et que le tuyau dans lequel on le rougit a été aussi rempli d'air au début de l'opération, ce qui donne lieu à la production d'une certaine quantité d'acide carbonique qui reste mélangé avec l'oxyde du carbone.

Un petit cylindre en bois dont la capacité exacte est de 13 cm. cubes, recevait 100 pilules de coke et 92 cubes de charbon de bois; de là 7,7 pilules de coke et 7,08 cubes de charbon de bois par centimètre cube.

De là, la surface de contact offerte par les pilules contenues dans 1 centimètre cube est . . . . 7,7 $\times$ 0,7854 = 6 centim. carrés, et celle des cubes contenus dans le même volume

$$7,08 \times 1,5 = 10,6 \text{ centim. carrés.}$$

Le tube de porcelaine a une section intérieure de 3,801 centim. carrés, de là on peut calculer facilement la surface de contact des morceaux de charbon qu'il contient.

La quantité d'air qui le traverse par seconde, divisée par les surfaces de contact précédentes, donne alors respectivement la surface de contact en centimètres carrés pour 1 centimètre cube par seconde, je la désignerai par CF.

Nous donnons une série de ces essais dans le tableau suivant. Dans un certain nombre d'entre eux, le tuyau de porcelaine a été disposé dans l'intérieur de la moufle, de manière à laisser une partie de son extrémité vide pour permettre à l'air de se chauffer, avant de pénétrer dans le tuyau.

Numero des Expériences.	Analyse des produits.				Températures.
	CO	CO^2	Az	CF	
					Pilules de coke.
I.	29,76	2,99	67,25	439,8	871⁰, air froid.
II.	31,42	1,39	66,19	793,0	1000⁰ - -
III.	31,54	1,92	66,54	302,4	991⁰ - -
IV.	32,21	2,17	65,62	338,7	987⁰ - -
V.	32,83	1,09	66,08	1412,7	900⁰ - -
VI.	34,08	0,38	65,54	413,3	? très haute — air froid.
					Charbon de hêtre.
VII.	32,54	1,69	65,77	349,9	? Air froid.
					Charbon de chêne.
VIII.	10,75	14,49	74,76	1420,7	Estimée 500⁰, air froid.
IX.	9,16	15,46	75,38	287,4	? air froid.
X.	18,06	10,07	71,87	362,6	? - -
XI.	33,27	0,87	65,88	524,8	? - chaud.
XII.	26,90	4,72	68,38	344,6	? - froid.
XIII.	31,59	1,89	66,52	390,7	? - -
					Charbon de sapin.
XIV.	23,38	6,85	69,77	478,1	932⁰, air chaud.
XV.	24,02	6,55	69,43	269,8	930⁰ - -
XVI.	24,12	6,40	69,48	390,9	933⁰ - -
XVII.	28,09	4,00	67,91	234,9	948⁰ - -
XVIII.	31,07	2,20	66,73	370,9	951⁰ - -
XIX.	31,69	1,83	66,48	371,1	969⁰ - -
XX.	31,89	1,71	66,40	496,7	983⁰ - -
XXI.	32,29	1,46	66,25	271,9	1110⁰ - -
XXII.	33,49	0,74	65,77	244,0	1126⁰ - -
XXIII.	33,92	0,48	65,60	580,3	956⁰ - -
XXIV.	33,93	0,47	65,60	341,9	958⁰ - -
XXV.	34,64	0	65,36	694,9	1111⁰ - -

Les expériences II, V, XI, XXIII et XXV représentent les cas dans lesquels la surface de contact était plus grande qu'il n'était nécessaire pour se rapprocher du maximum d'oxyde de carbone dans les produits, des surfaces plus petites ayant donné, à une même température, des quantités égales d'oxyde de carbone.

L'essai VIII démontre qu'à des températures au-dessous de 500⁰, il faut que la surface de contact soit très grande pour transformer 1/3 du carbone des gaz en oxyde de carbone; ce cas se rapproche de celui dont nous avons parlé au chapitre des surfaces de contact, où la température dans le foyer était également de 500⁰.

La température de l'essai IX n'est pas notée, elle doit avoir été très haute pour avoir donné avec une surface de contact de 287,4, un résultat presque aussi favorable que VIII.

La moyenne des essais

III et IV donnent 31,88 pour % CO, 320,5 CF et 989⁰

XVIII et XIX - 31,38 - - - 371,0 - - 960⁰

On ne peut cependant pas établir une comparaison entre le coke et le charbon de sapin avec ces chiffres, parce qu'avec le premier combustible, la température est plus haute et la surface de contact plus petite qu'avec le dernier; mais nous voyons que les deux combustibles se comportent, relativement à la surface de contact et à la température, à peu près de la même façon.

Le but principal de cette recherche a été de déterminer les volumes occupés par le combustible dans l'ouvrage du haut-fourneau, jusqu'à la limite où l'acide carbonique originairement produit a été transformé en oxyde de carbone.

Comparons les essais

XXIV 33,93 pour % CO, 341,9 CF et $T =$ 958⁰

XXI 32,29 - - - 271,9 - - - $=$ 1110⁰

XXII 33,49 - - - 244,0 - - - $=$ 1126⁰

on peut voir par là que

$$(1110 - 958) = 152^0 = (341,9 - 271,9) = 70,0 \; CF.$$

$\dfrac{152}{70}$ par conséquent 1 centim. carré de surface de contact correspond à $2^0,17$

de température, et alors

$$(1126 - 1110) = 16^0 = (271,9 - 244,0) = 27,9 \; C.$$

$\dfrac{16}{27,9}$ par conséquent 1 centim. carré de surface de contact correspond à 0,57

degrés de température et qu'il résulte de là que la surface de contact diminue moins vite que la température n'augmente, et cela dans une progression géométrique. Mais comme la série des expériences était trop incomplète pour bien établir cette progression, j'ai dû avoir recours à un nouveau mode de recherches.

J'ai pris un creuset contenant 1 litre, que j'ai fait percer près du fond, je l'ai placé dans un autre creuset beaucoup plus grand de manière à mettre entre les deux vases 6 centim. de sable, le grand creuset a aussi été percé d'un trou à une certaine hauteur et on y a adapté une tuyère aux deux ouvertures pour y introduire le vent venant d'une grande cloche à gaz. J'ai chauffé ensuite tout l'appareil en brûlant du combustible dans le creuset intérieur, jusqu'à ce que la paroi extérieure fût très chaude, et j'analysai alors les produits de la combustion, en maintenant toujours le creuset rempli jusqu'à son bord supérieur de petits morceaux de coke.

L'analyse donna: pour 1 centim. cube d'air introduit sur 10,47 centim. carrés de surface de contact 7 à 12 pour % CO^2 sur 21 à 13 pour % CO.

Mais lorsque je mis sur le creuset un second morceau de creuset, formant ajutage conique, de sorte que j'avais pour 1 volume d'air 13,00 de surface de contact, les produits ne renfermaient plus d'acide carbonique, mais seulement de l'oxyde de carbone.

Malheureusement, avec cette disposition, je n'ai pu déterminer la température, mais elle a été assez intense pour amollir et liquéfier les cendres de coke produites. Ainsi, nous pouvons admettre qu'elle a été d'environ 1000⁰.

Le quotient, pour les différences $(244 - 13) = 231$ et $(1200 - 1126) = 74$, deviendra alors $\dfrac{74}{231} = 0,3346$, et si nous voulions avec cette donnée calculer la surface de contact nécessaire dans un haut-fourneau, il en résulterait que déjà pour 1239^0, la surface de contact nécessaire serait $= 0$.

Il suit de là que la réduction de l'acide carbonique et sa formation au moyen de hautes températures, n'exigent qu'une surface de contact infiniment petite.

La surface de contact nécessaire pour produire l'acide carbonique est comprise dans toutes ces expériences.

Pour déterminer maintenant quelle est la surface de contact nécessaire pour la formation de l'acide carbonique, j'ai envoyé de l'air sur les petits cubes de sapin dont il a été question précédemment, et j'ai obtenu

806 centim. carr. de surface de contact 98,11 p. $^0/_0 CO$, 1,89 p. $^0/_0 CO^2$, 1785,3 CF et $975^0 T$
806 - - - - - - 91,38 - - - 8,62 - - - 1054,7 - -1020^0-

Mais 1 volume d'acide carbonique contient 1 volume d'oxygène et $^1/_2$ volume de carbone, tandis qu'un volume d'air contient 0,21 oxygène et 0,79 azote, alors la surface de contact 806 devra être multipliée par 0,21 et divisée par l'acide carbonique introduit par seconde, pour assimiler les résultats à ceux obtenus avec l'air.

La surface de contact deviendra alors $= CF = 384,4$ centimètres carrés à $T = 975^0$, de même que dans les expériences IV et XX, où nous avions:

$$338,7 \; CF \text{ et } 987 \; T$$
$$\text{et } 371,1 \; - \; - \; 969 \; -$$

La moyenne de ces deux essais 354,9 CF et 978 T présenterait alors pour la formation de l'acide carbonique, une surface de contact de $384,4 - 354,9 = 29,5$ ce qui correspond à $^1/_{13}$ de la surface de contact totale.

Nous pouvons admettre alors avec une assez grande probabilité qu'il faut pour la formation de l'acide carbonique dans le haut-fourneau pour 1 mètre cube d'air introduit par seconde, 1 mètre carré de surface de contact et 12 mètres carrés pour la réduction.

Chapitre V.

Humidité de l'air.

1 mètre cube d'air saturé de vapeur d'eau, contient:

à 0⁰	0,0052 k⁰ˢ vapeur,	
- 5⁰	0,0072 -	-
- 10⁰	0,0095 -	-
- 15⁰	0,01283 -	-
- 20⁰	0,01678 -	-
- 25⁰	0,02201 -	-
- 30⁰	0,02851 -	-
- 35⁰	0,037 -	-

Mais il n'arrive que très rarement que l'air soit saturé de vapeur et seulement par des temps humides; il contient ordinairement pendant les temps froids de l'hiver 0^k00556 et par contre dans les temps chauds de l'été 0^k01222 par mètre cube. Quand la machine soufflante se trouve dans le même local que la machine à vapeur, ce qui a presque toujours lieu quand la machine est horizontale, la température atteint ordinairement 35^0 et l'air est complètement saturé par la vapeur qui échappe de la machine, de sorte que chaque mètre cube de cet air contient 0^k037 de vapeur, ce qui influe déjà désavantageusement sur l'allure du haut-fourneau, ainsi que nous allons le démontrer.

Admettons que ce haut-fourneau consomme par heure 1000ₖ coke contenant 75 % de carbone; par seconde il se consommera $\dfrac{750}{3600} = 0^{\mathrm{k}}208333$ de carbone.

Ces derniers exigeront pour se transformer en oxyde de carbone $0^{\mathrm{k}}27777$ oxygène $= 0,96112$ d'air atmosphérique $= 0,70682$ mètres cubes, et comme 1^{m3} d'air contient $0^{\mathrm{k}}037$ de vapeur, $0,70682$ en contiennent par conséquent $0,02615$ ($= 0,0029055$ hydrogène) qui pour se transformer en CO et en H, absorbent $0,00290 \times 34000 = 98,789$ calories, pendant que $0^{\mathrm{k}}208333$ carbone transformés en oxyde de carbone produisent. $0,208333 \times 2400 = 499,99$ calories.

Dans ce cas, $^1/_5$ de la chaleur produite sera absorbée et au lieu de

$$\left.\begin{array}{l} \mathrm{k}^0\ 0,48611 \text{ oxyde de carbone} \\ -\ \ 0,68335 \text{ azote} \end{array}\right\} \text{ dont la chaleur spécifique} = \left\{\begin{array}{l} 0,120510 \\ 0,166740 \end{array}\right\} 0,287250$$

nous avons:

$$\left.\begin{array}{l} \mathrm{k}^0\ 0,48611\ CO \\ -\ \ 0,00290\ H \\ -\ \ 0,60683\ Az \end{array}\right\} \text{ dont la chaleur spécifique } \ldots \ldots = \left\{\begin{array}{l} 0,120510 \\ 0,009892 \\ 0,148060 \end{array}\right\} 0,278462,$$

par conséquent la température par l'air sec $\ldots \ldots = \dfrac{499,99}{0,287250} = 1740^0$

et par l'air humide seulement $\ldots \ldots \ldots \ldots \dfrac{401,20}{0,278462} = 1441^0.$

Si nous avons choisi, pour mieux démontrer l'influence de l'humidité, un exemple exagéré, cette observation démontre cependant qu'avec un changement dans cette contenance d'humidité, il peut arriver un changement de production de chaleur suffisant pour modifier l'allure du haut-fourneau, voire même pour le déranger. C'est ce qui explique l'observation des métallurgistes que le charbon supporte plus de charge de minerai en hiver qu'en été.

Chapitre VI.

Elévation de température par la pression du vent.

La température des produits de combustion dépend, comme nous l'avons déjà vu, du volume dans lequel se répartit la chaleur produite. Si ce volume diminue, la température augmente nécessairement. Désignons

par W la quantité de chaleur produite,
- w la chaleur spécifique des produits de combustion,
- B pression barométrique,
- p pression manométrique,
- T'' température résultante, — on aura:

$$T'' = \frac{W}{w}\left(1 + \frac{p}{B}\right)$$

Si nous avons $W = 8000$, $w = 2,8571$, $p = 0,03$, $B = 0,76$, l'équation devient:

$$T'' = \frac{800}{2,8571}\left(1 + \frac{0,03}{0,76}\right) = 2910^0\ C.$$

Si la pression manométrique $= 0,09$ puis $0,08$, nous aurons:

$$T'' = \frac{8000}{2,8571}\left(1 + \frac{0,09}{0,76}\right) = 3130^0\ C,$$

$$T'' = \frac{8000}{2,8571}\left(1 + \frac{0,08}{0,76}\right) = 3463^0\ C.$$

Naturellement cette compression ne produit pas de chaleur, l'élévation de température n'est que locale, elle diminue à mesure que les gaz montent dans le cône et devient zéro au gueulard.

L'effet de cette élévation de température se fait surtout sentir dans le creuset, elle produit une consommation rapide de carbone et par suite une augmentation de charges. Par contre, elle est aussi cause de la réduction directe des oxydes contenus dans le minerai, par le carbone fixe, et favorise dans la même mesure que l'élévation de température, la réduction des terres, du phosphore, du silicium et autres qui ne peuvent passer dans le feu qu'à l'état réduit.

Cependant, dans la plupart des cas, le degré de pression du vent n'est pas arbitraire, il est fixé par la résistance de la colonne de fusion et s'il est désirable de la réduire, cela n'est possible qu'à la condition de réduire aussi la résistance de cette colonne.

A côté du désavantage signalé plus haut de fortes pressions, il y en a deux autres, et je serai presque tenté de dire qu'il est heureux qu'ils existent, parce que sans cela beaucoup de métallurgistes seraient tentés d'augmenter outre mesure les pressions, sans se soucier de la médiocrité des produits.

L'un de ces inconvénients consiste en ce que les gaz qui doivent réduire le minerai qui se trouve dans la cuve, ne remplissent pas également les vides qui existent entre les morceaux qui forment les charges, il se forme des cheminées dans lesquelles les gaz montent sans agir sur les matières voisines, et comme plus bas, ces matières non réduites, s'écroulent en quantités plus ou moins grandes sur la fonte et les laitiers, elles entravent, si elles ne sont fondues qu'à moitié, l'accès des gaz dans le haut-fourneau, qui alors ne peut plus fonctionner.

Si la quantité qui s'écroule est petite, elle fond dans le creuset, mais ne pouvant plus se réduire, l'allure devient crue; mais comme la réduction directe a lieu aussi loin que la température le permet, il en résulte une absorption de chaleur qui, si l'on n'y porte remède, produit un refroidissement.

L'autre inconvénient, qui cependant ne se présente pas souvent, d'un excès de pression de vent, est que la fonte elle-même se brûle; la température dans la cuve augmente alors subitement, la chaleur qui en résulte étant 1260 calories par kilogramme de fer brûlé. Quoiqu'il soit très facile d'y remédier, ce n'en est pas moins un dérangement qui peut être suivi d'un autre, en passant à l'extrême contraire.

Chapitre VII.

Elévation de la température par l'échauffement du combustible.

Le fait que les gaz chauds du haut-fourneau, montant de bas en haut dans la cuve, en élevant aussi au fur et à mesure qu'elles descendent, la température des charges, est un moyen très efficace d'augmenter considérablement la température produite par la combustion.

Désignons par T la température primitive, soit S la chaleur spécifique du combustible à cette température, w la chaleur spécifique des produits de la combustion, T' la température qui en résulte:

$$T' = T \cfrac{1}{1 - \cfrac{S}{w}}$$

Si nous prenons par exemple la température de combustion de 1 k⁰ de coke qui contient 75 pour $^0/_0$ de carbone $= 2713^0$, la chaleur spécifique du coke à cette température (voir chap. X) $= 0{,}66082$ et la valeur de $w = 2{,}21185$, par conséquent:

$$T' = 2713 \cfrac{1}{1 - \cfrac{0{,}66082}{2{,}21185}} = 3896^0\ C.$$

Mais que le combustible soit du charbon de bois, contenant 90 pour $^0/_0$ de carbone, alors $S = 0{,}30907$, $w = 2{,}654226$, et alors

$$T' = 2713 \cfrac{1}{1 - \cfrac{0{,}30907}{2{,}6542}} = 3070^0\ C.$$

Pour trouver les quantités de chaleur contenues dans les gaz, nous n'avons qu'à multiplier le combustible brûlé par seconde par w et par la température.

Dans l'hypothèse où dans les deux cas cette quantité s'élève à 1 kilogramme, nous aurions: w . $3869 = 8557$ calories et w . $3070 = 8150$ calories, ainsi par le chauffage préparatoire il a été ajouté dans le premier cas 2557 calories et dans le second 949.

Chapitre VIII.

Quantité et intensité de la chaleur.

Un kilogramme de carbone demande pour sa transformation en acide carbonique

$$\frac{6}{1} = \frac{16}{x} = \text{k}^0\ 2{,}6666 \ldots \text{oxygène}\ \frac{2{,}6666}{1{,}43028} = 1{,}8654\ \text{m.}^3$$

avec lesquels, si on a utilisé comme d'habitude l'oxygène de l'air, il passera dans les produits de la combustion

$$\frac{1{,}8645}{20{,}96} = \frac{79{,}04}{x} \qquad x = 7{,}0309\ \text{m.}^3 = 8{,}8347\ \text{k.}^0\ \text{azote.}$$

Un kilogramme de carbone, transformé en acide carbonique produit 8000 calories: cette quantité s'appelle l'équivalent calorique du combustible.

Les produits de combustion se composent de:

$$1\ C + 2{,}6666 \ldots O = \text{k}^0.\ 3{,}6666 \ldots CO^2\ \text{et k}^0.\ 12{,}365\ A\,Z.$$

La chaleur spécifique de ces produits est:

$$\left.\begin{array}{l} CO^2\ 3{,}6666 \times 0{,}2164 = 0{,}79344 \\ AZ\ 8{,}8347 \times 0{,}2440 = 2{,}15570 \end{array}\right\}\ 2{,}94914.$$

Divisant maintenant cette chaleur spécifique par la chaleur produite, nous obtenons la température de cette combustion:

$$\frac{8000}{2{,}94914} = 2712^0{,}7$$

température qui exprime en même temps l'intensité du feu.

Si nous brûlons le kilo de carbone par de l'oxygène pur au lieu d'air, la quantité de chaleur produite resterait tout-à-fait la même, mais l'intensité du feu deviendra plus grande, parce qu'il n'y a plus d'azote qui augmente le volume des produits de la combustion, ni plus de diminution de décuite; l'intensité de chaleur deviendra alors:

$$\frac{8000}{0,79344} = 10082^0,8 \; C.$$

presque 4 fois plus grande.

La composition du bois est de 50 p. % eau de constitution, à côté de peu d'hydrogène et de presque 50 p. % carbone. Admettons pour notre démonstration que 1 kil. de bois contient 50 p. % C et 50 p. % HO, il nous faudra pour produire cette même chaleur 2 kilogrammes de bois et les produits de combustion seront après l'incinération

3,6666 k⁰ acide carbonique dont la chaleur spécifique = 0,79344 ⎫
8,8347 „ azote   „   „   „   „ = 2,15570 ⎬ 3,42414
1,000 „ vapeur d'eau   „   „   „   „ = 0,4750 ⎭

d'où l'intensité du feu sera: $\frac{8000}{3,4214} = 2336^0,4 \; C$, qui sera encore diminuée par

la chaleur latente de l'eau $= 536,67$ ou $\frac{8000 - 536,67}{3,42414} = 2179^0 \; C.$

Mais, comme on ne peut encore fabriquer économiquement du gaz oxygène pur pour l'employer à produire de la chaleur dans la métallurgie et dans l'industrie, et que l'augmentation de l'intensité de cette chaleur pourrait être utile dans quelques cas, j'ai étudié une méthode qui rend cette production possible.

Elle consiste dans l'élimination partielle de l'azote, élimination qui a lieu en brûlant l'oxyde de carbone pur avec de l'air et conduisant les produits de combustion qui en résultent sur du carbone fixe, où il se réforme de nouveau de l'oxyde de carbone qui est alors brûlé une seconde fois.

0,5 k⁰ carbone correspondent à . . . . 1,1666 oxyde de carbone,
pour la combustion desquels il faut . . . . . . 0,6666 oxygène,
qui sont fournis par l'air atmosphérique, lequel
amène avec lui . . . . 2,2087 azote.
Nous avons de la sorte . . . . 1,8333 acide carbonique,
qui donnent par absorption de 0,5 k. carbone . . 2,3333 oxyde de carbone,
lesquels nécessitent pour leur combustion . . . . 1,3333 oxygène,
accompagnés de . . . . 4,4174 azote
et les produits de la combustion contiennent en dernier lieu

k⁰ 3,6666 acide carbonique ⎱ dont la chaleur ⎰ 3,6666 × 0,2164 = 0,79344 ⎱ 2,41044.
„ 6,6261 azote   ⎰ spécifique est ⎱ 6,6261 × 0,2440 = 1,61680 ⎰

Mais dans le cas où les 1,1666 d'oxyde de carbone brûlés sont froids, comme cela peut être dans quelques modes d'utilisation, la chaleur produite est alors celle qui correspond à l'oxyde de carbone obtenu en dernier lieu, c'est-à-dire k⁰ 2,3333 × 2400 = 5599,9 calories, car la chaleur produite une première fois par la combustion de 1,1666 oxyde de carbone est absorbée pour réduire l'acide carbonique et le transformer en oxyde de carbone.

Si nous divisons maintenant la quantité de chaleur produite par la chaleur spécifique des produits, nous obtiendrons seulement comme température

$$\frac{5599,9}{2,41024} = 2323^0 \; C.$$

par conséquent moins que la combustion directe, laquelle donne $T = 2712^0 \; C.$

Mais, si nous donnons à 1,1666 k⁰ oxyde de carbone, l'air nécessaire à la combustion $= 0,6666 \; O + 2,2087 \; AZ = 2,8753$ k⁰ à la température de 500⁰, ce qui est très possible, nous ajoutons . . . . $1{,}_{1666} \times 0{,}_{2479} \times 500 = 144{,}_6$ calories

$2{,}_{8753} \times 0{,}_{2377} \times 500 = \underline{341{,}_7}$ „

en tout $\overline{486{,}_3}$ calories

et si nous portons encore l'air nécessaire à la seconde combustion à cette température, le total s'élèvera encore de $(4{,}_{4174} + 1{,}_{3333})\, 0{,}_{2377} \times 500 =$ . . . . $\underline{683{,}_5}$ „

qui ajoutées aux 486,3 précédentes donnent . . . . $\overline{1169{,}_8}$ calories

et nous avons $\dfrac{5599{,}_9 + 1169{,}_8}{2{,}_{41024}} = 2808^0\, C.$

Le lecteur demandera si cette augmentation d'intensité de 96^0 est en proportion avec la consommation qu'une opération aussi étendue doit occasionner. J'y répondrai, qu'il y a des cas, comme par exemple la fusion de l'acier, où une simple élévation de température de 96^0 est déjà d'une grande valeur, et qu'il ne faut pas mettre seulement ce chiffre en ligne de compte, mais encore ce fait que le volume des produits de combustion aux températures correspondantes, est dans la proportion de 97,3 à 80,6 et qu'à conditions égales, c'est-à-dire avec un même effort, il pourra être donné au courant des produits dans le dernier cas, une vitesse plus grande de $^1/_5$, ce qui est important.

Cette méthode a, du reste, une très grande valeur dans le cas où, comme dans le haut-fourneau, la proportion entre l'azote et le carbone influe sur la réduction.

Chapitre IX.

Volumes des matières données en charge au haut-fourneau.

C'est un fait que les matières homogènes en morceaux approximativement égaux, renfermés dans le même volume, ont le même poids pour ce volume, que les morceaux soient grands ou petits. Ce fait s'explique facilement.

Supposons que des morceaux isolés, occupant l'espace de 1 mètre cube, soient en forme de boules, le nombre de ces boules sera

$$n^3 = \left(\frac{l}{d} \right)^3$$

si l désigne le côté du cube que nous supposons de 1 mètre et d le diamètre des boules.

Si ces boules avaient $0{,}_{03}$ de diamètre $= d$, le côté du cube $l = 1$ mètre, le nombre des boules que l'on placera dans ce cube sera

$$\left(\frac{1}{0{,}_{03}} \right)^3 = 37037.$$

La capacité de cette boule est $d^3\, \dfrac{\pi}{6} = 0{,}_{000014137}$ m.^{3}

Si ces boules sont en coke qui pèserait en morceaux par mètre cube 400 kil., en désignant ce poids par G, le poids spécifique de ce coke sera

$$\frac{G}{\left(\dfrac{l}{d} \right)^3 \cdot d^3 \cdot \dfrac{\pi}{6}} = \frac{400}{37037 \times 0{,}_{000014137}} = 763{,}_{94}$$

c'est-à-dire un mètre cube de coke d'un seul morceau pèserait $763{,}_{94}$ k., ou en prenant le poids de l'eau $= 1$, le poids spécifique du coke sera $0{,}_{76394}$.

Si au contraire, nous connaissons le poids spécifique du coke $= S$, le poids du mètre cube en morceaux sera

$$G = 1000 \cdot S \cdot n^3 \cdot d^3 \cdot \frac{\pi}{6} \text{ ou}$$

$$G = 1000 \times 0{,}76394 \times 37037 \times 0{,}03^3 \times \frac{\pi}{6} = 400 \text{ k}^0.$$

Si nous avions des boules d'un diamètre de 0,1, cette formule donnerait

$$1000 \times 0{,}76394 \times 10^3 \times 0{,}1^3 \cdot \frac{\pi}{6} = 400 \text{ k}^0.$$

Il est par conséquent indifférent que le diamètre des boules soit grand ou petit, le volume de 1 m.³ pèsera toujours 400 kil. si le poids spécifique reste le même.

J'ai calculé, suivant cette méthode, le poids par mètre cube des matières du tableau ci-après, qui servent à faire ressortir le volume des charges.

	Poids spécifique			Poids par m.³		
Coke	0,75869			k⁰.	400	
Houille	1,226	à	1,362	„	642 à	713
Anthracite	1,270	„	1,919	„	665 „	1000
Charbon de sapin	0,38197	„	0,40117	„	200 „	210
„ „ chêne et hêtre	0,45836	„	0,47746	„	240 „	250
„ „ boulcau . . .	0,42017	„	0,43927	„	220 „	230
Oxyde de fer magnétique .	5,3	„	6	„	2775 „	3142
Fer oligiste	5	„	5,3	„	2618 „	2775
Hématite rouge	4,7	„	5,3	„	6461 „	2775
„ brunc	3,94	„	4,02	„	2063 „	2105
Minerai spathique	3,6	„	3,9	„	1885 „	2042
Castine	2,252	„	2,837	„	1179 „	1485
Chaux calcinée	2,075			„	1086	

Chapitre X.

Chaleur spécifique des matières composant les charges du haut-fourneau.

La première application du Pyromètre que j'avais à faire, était la détermination des chaleurs spécifiques des matières que l'on charge dans le haut-fourneau, parce que la chaleur spécifique des corps solides augmente avec la température, que cette augmentation n'est connue que pour très peu de corps et que le maximum de température, auquel elle a été déterminée, ne dépasse pas celle du mercure bouillant, soit 358⁰,5.

Si l'on veut se rendre compte de ce qui se passe dans le haut-fourneau et quel y est l'emploi de la chaleur, il est indispensable de connaître la chaleur spécifique des matières aux températures qui y existent. Je n'avais pas l'intention de chercher à obtenir des résultats d'une grande exactitude: les matières sur lesquelles j'avais à opérer n'ayant pas une composition constante. C'est pourquoi je me suis borné au mode d'opérer suivant:

Les matières à expérimenter ont été réduites en petits morceaux qui ont été introduits dans des petits cylindres en toile de fil de fer très fine dont on a pris le poids: Ces cylindres étaient ouverts par le haut, ils ont été retournés et mis dans un tube en fer forgé, ouvert à une extrémité, fermé à l'autre. Cette dernière a reçu un tuyau d'un diamètre plus petit de 0,30 longueur, pourvu d'une poignée en bois pour servir de manche. Ce récipient a été introduit dans une moufle tubulaire de manière que son extrémité supérieure arrivât au milieu de la longueur de cette moufle. L'élément thermo-électrique du pyromètre a été introduit de l'autre côté et occupait la même place que la substance.

La moufle tubulaire a été portée à la température à laquelle la chaleur spécifique devait être déterminée, on en prenait note et on retirait le tuyau avec la substance que l'on jetait avec le filet en fer dans l'eau. Pour pouvoir exécuter plus rapidement et plus sûrement la sortie du cylindre en fil de fer, on a encore introduit dans le tube muni d'un manche une tige de fer à l'aide de laquelle on a pu enlever le cylindre en fil de fer du grand tube.

Le vase à eau a la forme d'un cylindre dans la parois duquel on a pratiqué un évasement de 0,06 pour recevoir le thermomètre ; cet évasement a été protégé par des barres de fer tellement disposées que le thermomètre ne pouvait subir aucune avarie quand on remuait fortement l'eau et la substance qu'on y avait jetée. Ce vase était en bronze et muni d'un rebord à la partie supérieure, au moyen duquel on le plongeait dans une petite boite en bois pour éviter le refroidissement extérieur. Le thermomètre était très exact et divisé en $^1/_5$ de degrés.

Le vase à eau pesait 312 grammes et comme 1 gramme de bronze absorbe 0,0939 calories lorsqu'un gramme d'eau en absorbe 1, l'équivalent de ce poids en eau est . . . . = 29,2968 gr.
L'équivalent du thermomètre en eau est :

      pour le mercure . . . . = 0,4393 -
      pour le verre . . . . = 1,7877 -
Enfin, l'eau qui a été mesurée chaque fois dans un carafe du
col gradué pesait . . . . = 1275,00 -
La capacité calorifique de l'appareil était par suite . . . . = 1306,5238 gr.

La différence de la température de l'eau avant et après l'expérience $= t$ multipliée par le chiffre ci-dessus, nous a permis de déterminer le calorique que le corps en expérience nous donnait.

Il a fallu porter en déduction de cette quantité le poids du petit cylindre en fil de fer, multiplié par la chaleur spécifique de ce métal à la température de la moufle et par conséquent du cylindre lui-même.

Après la défalcation de cette valeur, le reste multiplié par le poids de la substance divisé par la température de cette dernière, en donne alors la chaleur spécifique.

Par exemple, du minérai spathique rouge, grillé, donne $t = 4,1^0\ C$,
par conséquent 1306,5 $\times$ 4,1 = 5356,650 à déduire pour le cylindre en fer,
       7,4 $\times$ 0,152   1,125 = 5355,525.
La température de la moufle était 1078⁰ et de là, la chaleur spécifique à cette température est

$$\frac{5355,525}{18,2 \times 1078} = 0,272965,$$

18,2 est le poids de la substance.

La chaleur spécifique de ce minérai constatée à 100⁰ est à déduire de celle trouvée à de hautes températures, et de là on peut calculer ces chaleurs de 100 en 100⁰.

En procédant ainsi, nous avons trouvé les valeurs suivantes :

	Poids spécifique =	pour 1 m³ = k⁰	Différences pour 100⁰ =	Chaleur spécifique à 100⁰ =
Charbon de hêtre	0,4679	245	0,0026	0,24150
Coke de Saarbrück . . . . : .	1,1194	586	0,019372	0,157139
Castine	2,52525	1322	0,0710926	0,1666452
Chaux	2,075	1086	0,0107899	0,2169
Quartz (cailloux du Rhin) . . .	2,5939	1358	0,0123295	0,19132
Fer métallique	7,8	4082	0,004005	0,11379
Mines de Blackband de J.-G. Enken à Mülheim sur Ruhr :				
Blackband grillé	2,503226	1310 négatif	0,004249	0,255747
Mines de Wittelbach de la Kornzeche près Gombach-Siegen :				
Minérai spathique rouge non grillé	3,679487	1926	0,0846247	0,111740
- - - grillé . .	4,413333	2310	0,013703	0,1530064
Exploitation Schmiedberg près Gosebach-Siegen :				
Fer oligiste	4,6105263	2414	0,0122414	0,072182
Kornzeche près Goselbach-Niederschelden-Siegen :				
Minérai spathique (pierre à acier)				
brut	3,85555	1862	0,045845	0,124778
grillé	4,460	2335	0,008048	0,179547
Puits Hebborn et Gustave-Adolphe près Berg-Gladbach près Cologne :				
Minérai oolithique brut	3,2380952	1695	0,0033083	0,1894139
- - grillé	3,8222222	2001	0,0140863	0,1763226
Minérai manganésifère commune				
de Crefeld, brut	2,813333	1473	—	—
id. grillé	3,085714	1615	0,0204975	0,2353056
Mine de la Krux Noire à Schmiedfeld-Thuringe :				
Minérai magnétique	4,2200	2209	0,00712555	0,1667419
Mine Waldhausen-Wilberg, Nassau :				
Minérai rouge	3,7750	1976	0,009595	0,171528
Minérais d'alluvion de Hollande :				
Minérai brut	2,8555	1495	—	0,2183325
- grillé	4,360	2283	0,013275	0,1523629
Mine de l'Ange Exterminateur de Stockhausen-Leun-Nassau :				
Minérai manganésifère brut . . .	3,4933	1829	—	0,1832221
- - grillé . .	3,6600	1916	0,0085665	0,1440624
Puits Schmiedberg près Gosebach-Siegen :				
Minérai magnétique brut	3,6700	1922	—	—
- - grillé . . .	4,64762	2433	0,0064523	0,1522431
Fonte miroitante	7,462963	3908	0,006349	0,0893755
Fonte de moulage à grains fins .	7,05000	3691	0,0039991	0,0904970
Laitier de haut-fourneau	2,38333	1248	0,0100948	0,146936
do.	2,917647	1528	0,0116103	0,1479269
do.	2,777	1454	0,011796	0,1492089
do. de Hayange	2,575	1348	0,0125077	0,1469854

Dans le tableau ci-après, nous indiquons encore les chaleurs spécifiques de quelques-uns de ces corps pour des températures diverses, savoir :

I. Charbon de hêtre,
II. Coke de Saarbrück,
III. Castine,
IV. Chaux,
V. Minérai rouge,
VI. Minérai magnétique des puits Schmiedberg, grillé,
VII. Fonte de moulage à grains fins,
VIII. Fonte miroitante,
IX. Laitier de Hayange.

On remarquera que le charbon de bois a une chaleur spécifique plus haute que le coke à 100^0, mais à de hautes températures, cette dernière devient presque le double.

Température.	I.	II.	III.	IV.	V.	VI.	VII.	VIII.	XI.
100	0,24150	0,157139	0,166645	0,21690	0,171528	0,152243	—	—	—
150	0,24280	0,166825	0,202191	0,22229	0,126325	0,156469	—	—	—
200	0,24410	0,176511	0,237738	0,22769	0,181123	0,160695	—	—	—
250	0,24539	0,186197	0,273284	0,23308	0,185920	0,164921	—	—	—
300	0,24669	0,195884	0,308830	0,23848	0,190718	0,169147	—	—	—
350	0,24799	0,205571	0,344376	0,24388	0,195515	0,173373	—	—	—
400	0,24929	0,215258	0,379923	0,24927	0,200313	0,177600	—	—	—
450	0,25059	0,224945	0,415469	0,25466	0,205110	0,181826	—	—	—
500	0,25189	0,234632	0,451015	0,26006	0,209908	0,186052	—	—	—
550	0,25319	0,244319	0,486561	0,26545	0,214705	0,190278	—	—	—
600	0,25449	0,254006	0,522108	0,27085	0,219503	0,194504	—	—	—
650	0,25579	0,263693	0,557654	0,27624	0,224300	0,198730	—	—	—
700	0,25709	0,273380	0,593201	0,28164	0,229098	0,202957	—	—	—
750	0,25838	0,283067	0,628747	0,28703	0,233895	0,207183	—	—	—
800	0,25968	0,292753	0,664293	0,29243	0,238693	0,211409	—	—	—
850	0,26098	0,302439	0,669688	0,29782	0,243290	0,215635	—	—	—
900	0,26228	0,312125	0,675083	0,30322	0,247988	0,219861	—	—	—
950	0,26358	0,321811	—	0,30861	0,252635	0,224087	—	0,149691	—
1000	0,26488	0,331497	—	0,31401	0,257283	0,228314	—	0,152865	0,2595547
1050	0,26618	0,341183	—	0,31940	0,261900	0,232540	—	0,156040	0,2658993
1100	0,26748	0,350869	—	0,32480	0,266518	0,236766	0,130488	0,156214	0,2721239
1150	0,26879	0,360555	—	0,33019	0,271195	0,240992	0,132487	0,162389	0,278317
1200	0,27009	0,370241	—	0,33559	0,275873	0,245218	0,134487	0,165563	0,284570
1250	0,27138	0,379927	—	0,34099	0,280551	—	0,136486	0,168737	0,290824
1300	0,27268	0,389613	—	—	—	—	0,138486	0,171912	0,297078
1350	0,27398	0,399299	—	—	—	—	0,140485	0,175086	0,303331
1400	0,27528	0,408985	—	—	—	—	0,142485	0,178261	0,309585
1450	0,27658	0,418671	—	—	—	—	0,144484	0,181435	0,315839
1500	0,27788	0,428357	—	—	—	—	0,146484	0,184610	0,322093
1550	0,27918	0,438043	—	—	—	—	0,148478	0,187784	0,328346
1600	0,28048	0,447729	—	—	—	—	0,150473	0,190959	0,334600
1650	0,28178	0,457415	—	—	—	—	0,152472	0,194133	0,340854
1700	0,28308	0,467101	—	—	—	—	0,154472	0,197308	0,347108
1750	0,28437	0,476787	—	—	—	—	0,153471	0,200482	0,353362
1800	0,28567	0,486473	—	—	—	—	0,158471	0,203657	0,359616
1850	0,28697	0,496159	—	—	—	—	0,161470	0,206831	0,365869
1900	0,28827	0,505845	—	—	—	—	0,162470	0,210006	0,372123
1950	0,28957	0,515531	—	—	—	—	0,164469	0,213180	0,378377
2000	0,29087	0,525217	—	—	—	—	0,166469	0,216355	0,384631
2050	0,29217	0,534903	—	—	—	—	—	—	—
2100	0,29347	0,544589	—	—	—	—	—	—	—
2150	0,29477	0,554275	—	—	—	—	—	—	—
2200	0,29607	0,563961	—	—	—	—	—	—	—
2250	0,29737	0,573647	—	—	—	—	—	—	—
2300	0,29867	0,583333	—	—	—	—	—	—	—
2350	0,29997	0,593019	—	—	—	—	—	—	—
2400	0,30127	0,602705	—	—	—	—	—	—	—
2450	0,30257	0,612391	—	—	—	—	—	—	—
2500	0,30387	0,622977	—	—	—	—	—	—	—
2550	0,30517	0,631763	—	—	—	—	—	—	—
2600	0,30647	0,641449	—	—	—	—	—	—	—
2650	0,30777	0,651135	—	—	—	—	—	—	—
2700	0,30907	0,660821	—	—	—	—	—	—	—
2750	0,31037	0,670507	—	—	—	—	—	—	—
2800	0,31167	0,680193	—	—	—	—	—	—	—

Chapitre XI.

Chaleur latente.

La chaleur latente d'un corps est la quantité de calories dont un corps solide ou liquide a besoin pour devenir liquide ou gazeux. Si par conséquent l'acide carbonique liquide devient gazeux, c'est de la chaleur latente que nous lui rendons; mais si la craie est décomposée par la chaleur en acide carbonique et en chaux, c'est de la chaleur de combinaison que nous ajoutons à cette dernière, car dans l'état ordinaire, l'acide carbonique est gazeux. Dans le haut-fourneau, l'eau qui se trouve dans les charges, aussi bien que le fer et les matières qui produisent les laitiers, absorbent de la chaleur latente qui sert à transformer la première à l'état gazeux et les autres à l'état liquide.

On connaît exactement la chaleur latente de la vapeur d'eau qui est, d'après Regnault, égale à 536,67, c'est à dire 1 kilogramme d'eau absorbe 536,67 calories pour se transformer en vapeur, par contre, malheureusement, les chaleurs latentes de la fonte et des laitiers sont inconnues et on ne connaît pas encore les moyens de les déterminer exactement.

Il a été démontré que la chaleur latente des métaux est proportionnelle à leur élasticité, mais celle de la fonte est tellement variable, qu'on ne peut y trouver un point de repère certain. D'après P. A. D'Acquin, la chaleur latente des métaux étant L

$$L = 160 + t\,(C - c),$$

t point de fusion du métal,
C chaleur spécifique du corps liquide,
c chaleur spécifique du corps solide.

Maintenant, Pouillet a trouvé les points de fusion de la fonte miroitante très fusible et d'autre moins fusible à 1050^0 et 1100^0, d'autre part (voir chapitre X) j'ai trouvé la chaleur spécifique de cette fonte à ces températures

$$= 0{,}0893755 + 10{,}5 \cdot 0{,}006349 = 0{,}156040$$
$$\text{et} = 0{,}0893755 + 11{,}0 \cdot 0{,}006349 = 0{,}159594$$

de là, la différence $C - c = 0{,}156040 - 0{,}0893755 = 0{,}0666645$
$$\text{et} = 0{,}159594 - 0{,}0893755 = 0{,}0702185$$

de là il résulte que la chaleur latente serait:

$$160 + 1050 \cdot 0{,}0666645 = 230 \left.\right)$$
$$160 + 1100 \cdot 0{,}0702185 = 237 \left.\right\} \text{moyenne} = 233{,}5.$$

Pour la fonte de 2e fusion, Pouillet donne la température de fusion de 1100 à 1250^0.

D'après mes déterminations, la chaleur spécifique à ces températures est:

$$0{,}0904970 + 11{,}0 \cdot 0{,}0039991 = 0{,}1344871,$$
$$\text{et } 0{,}0904970 + 12{,}5 \cdot 0{,}0039991 = 0{,}14048575,$$

les différences $C - c = 0{,}1344871 - 0{,}0904970 = 0{,}0439901,$
$$= 0{,}14048575 - 0{,}0904970 = 0{,}04998875,$$

et de là, la chaleur latente $=$

$$160 + 1100 \cdot 0{,}0439901 = 208 \left.\right)$$
$$160 + 1250 \cdot 0{,}04998875 = 222{,}5 \left.\right\} \text{moyenne} = 215{,}35.$$

Pour la chaleur latente du laitier, nous n'avons pas de formule, parcontre Boulanger et Dulait ont trouvé que pour le laitier de la fonte miroitante et celui de la fonte grise, pris dans le creuset et mis dans une quantité d'eau dont le poids était connu et dont on notait l'élévation de température, que la première contenait 433 et l'autre 492 calories.

Le point de fusion de ce laitier ne se trouve guère au delà de 1250⁰ et probablement on peut en calculer ainsi la chaleur spécifique

$$\frac{433}{1250} = 0{,}3464 \quad \text{et} \quad \frac{492}{1250} = 0{,}3936.$$

Dans mes évaluations j'ai trouvé pour les quatre différents laitiers les chaleurs spécifiques suivantes :

$$\left.\begin{array}{l} 0{,}1469360 \\ 0{,}1479269 \\ 0{,}1492089 \\ 0{,}1469854 \end{array}\right\} \begin{array}{l} \text{à } 100^0 \text{ en moyenne} \\ = 0{,}1477643, \end{array} \quad \text{et} \quad \left.\begin{array}{l} 0{,}27312100 \\ 0{,}29305565 \\ 0{,}29665890 \\ 0{,}30343165 \end{array}\right\} \begin{array}{l} \text{à } 1250^0 \text{ en moyenne} \\ = 0{,}2915418. \end{array}$$

En déduisant cette chaleur spécifique au point de fusion, de la quantité de chaleur contenue dans les laitiers à 1⁰, nous obtiendrons :

$$0{,}3464 - 0{,}2915418 = 0{,}0548582,$$
$$0{,}3936 - 0{,}2915418 = 0{,}1020582,$$

et la chaleur latente serait :

$$0{,}0548582 \,.\, 1250 = 68{,}5,$$
$$0{,}1020582 \,.\, 1250 = 122{,}9.$$

Cependant il n'est pas admissible que le laitier de la fonte grise ait une chaleur latente presque double de celle du laitier de la fonte miroitante, par contre, cette dernière avait naturellement une température bien au-dessus du point de fusion, ce qui augmentait la somme de chaleur passée dans l'eau.

Mais, comme d'ailleurs le laitier de la fonte miroitante contenait de la chaleur libre, nous pouvons adopter comme valeur approximative pour la chaleur latente du laitier le nombre 60, et j'ai plus de confiance dans ce nombre que dans 233 et 205,5 pour la chaleur latente du laitier de la fonte grise.

Je crois, en effet, que cette dernière méthode est mieux fondée et mérite la préférence malgré l'incertitude sur la contenance en chaleur libre. Boulanger et Dulait, en mélangeant de la fonte miroitante et de la fonte grise avec l'eau, ont trouvé pour capacité calorifique pour 1⁰ de température :

$$\frac{309}{1050} = 0{,}294285, \quad \frac{309}{1100} = 0{,}280909, \quad \frac{337}{1100} = 0{,}3063063, \quad \frac{337}{1250} = 0{,}2696000,$$

d'où la chaleur spécifique à la température de fusion est :

$$\begin{array}{llll} 0{,}156040 & 0{,}159594 & 0{,}1344871 & 0{,}14048575 \\ 0{,}138245 \times 1050 & 0{,}121315 \times 1100 & 0{,}1718192 \times 1100 & 0{,}1291142 5 \times 1250 \\ = 145{,}157 & = 133{,}646 & = 189{,}001 & = 161{,}392 \end{array}$$

chaleur latente de la fonte miroitante en moyenne . . . 139,

chaleur latente de la fonte grise en moyenne   175,

chiffres que nous adoptons comme les plus probables.

Chapitre XII.

Chaleur de combinaison.

Quand deux éléments se combinent chimiquement, il se dégage de la chaleur en quantité dépendant de leur nature et de la proportion dans laquelle ils se combinent.

1 kilogramme hydrogène dégage en formant de l'eau 34000 calories et 1 kilogramme de soufre, par contre, seulement 2220.

1 kilogramme carbone développe 2400 calories en se transformant en CO, mais quand il forme du CO^2, la quantité de chaleur produite est de 8000 calories.

Quand on plonge de la chaux caustique éteinte dans un vase très mince dans une grande quantité d'eau dont on connaît le poids et la température, et si on y fait passer alors un courant rapide d'acide carbonique, l'hydrate de chaux est bientôt saturé; on détermine alors par l'élévation de la température de l'eau la quantité de chaleur produite, c'est-à-dire la chaleur de combinaison de la chaux et de l'acide carbonique que l'on rapporte au kilogramme de chaux. J'ai trouvé cette chaleur $= 197,1$ calories.

Dans le haut-fourneau il y a cinq circonstances dans lesquelles la chaleur de combinaison est à prendre en considération, savoir:

1^0 la combustion du carbone en CO^2,

2^0 la réduction de CO^2 en CO,

3^0 la décomposition de l'eau contenue dans l'air introduit,

4^0 la décomposition du carbonate de chaux dans les charges,

5^0 la réduction de l'oxyde de fer par le carbone fixe.

1. Dans le premier cas, la valeur est positive, c'est-à-dire, le charbon en brûlant développe pour chaque unité de poids 8000 calories; dans les trois cas suivants, les valeurs sont négatives, c'est-à-dire qu'il faut calculer combien on a absorbé de chaleur.

2. Comme le CO^2, en se transformant en CO, absorbe autant de carbone qu'il en contient déjà, il suit que ce carbone doit absorber autant de chaleur pour sa gazéfaction qu'il en rendrait en brûlant. Ainsi 1 unité de C formant de l'oxyde de carbone, produit 2400 calories qui doivent être défalquées des 8000 produites par la combustion de la 2e unité ou $8000 - 2400 = 5600$ calories.

3. L'air introduit dans le haut-fourneau n'est jamais complètement privé de vapeur d'eau, il faut que chaque unité en poids de cette vapeur en se transformant sur les charbons incandescents en oxyde de carbone et en hydrogène, absorbe autant de chaleur, que les $0,1111$ H qu'elle produit auraient donné par leur combustion, c'est-à-dire $34000 \times 0,1111 = 3778$ calories.

4. La même chose a lieu pour le carbonate de chaux que l'on ajoute aux charges: 1 équivalent de CO^2 CaO est composé de $0,56$ CaO et $0,44$ CO^2 et par conséquent l'élimination de l'acide carbonique par la chaleur, occasionne une absorption de chaleur de $0,56 \times 197,2 = 110,376$ calories pour 1 équivalent de CO^2 CaO et 251 calories pour 1 d'acide carbonique.

5. Quand du minérai incomplètement réduit arrive à une température à laquelle l'oxydule de fer se dissout dans le laitier et devient pâteux, cette masse

plastique enveloppe les morceaux de charbon et l'oxydule de fer se réduit dans l'ouvrage à la faveur de la température élevée qui y règne, par son contact avec le carbone fixe qui se transforme en CO.

Comme 1 équivalent oxydule de fer contient 0,2222 oxygène, il se formera 0,387639 d'oxyde de carbone qui contiennent 0,166131 de carbone qui, par conséquent, occasionnent l'absorption de $0{,}166131 \times 2400 = 398{,}7$ calories. C'est surtout ce dernier facteur qui joue un très grand rôle dans la marche du haut-fourneau et qui, bien que signalé par Ebelmen, n'a pas été pris en considération par les autres métallurgistes.

Chapitre XIII.

Décompositions chimiques par les hautes températures.

On sait d'ancienne date que les hautes températures décomposent certaines combinaisons chimiques, mais ce n'est que tout récemment qu'il a été démontré par Mr Ste-Claire Deville que même les combinaisons dont les éléments ont l'un pour l'autre la plus grande affinité, se disjoignent quand la température est suffisamment grande, parce que d'abord la chaleur latente de chacun de ces éléments est reconstituée et ensuite parce que leurs divers atomes sont éloignés les uns des autres par la dilatation, de manière à dépasser leur sphère d'attraction. Mr Deville a démontré aussi que l'eau, comme l'oxyde de carbone et l'acide carbonique peuvent être décomposés en carbone, hydrogène et oxygène. La seule raison qui jusqu'à présent a empêché ces faits de frapper l'attention, est que les éléments séparés se réunissent avant d'arriver à l'analyse, si on ne les refroidit pas subitement et qu'on les laisse arriver graduellement à une température plus basse.

Celles qui ont le plus d'intérêt pour nous, sont les décompositions de CO^2 et de CO, parce que ce sont les seules qui se passent dans le haut-fourneau. Je vais par conséquent mentionner quelques essais qui ont été faits à cet égard par Cailletet. Il fit recourber en forme d'U un tuyau et introduisit ensuite dans une de ses branches un autre tube de $1/2^{mm}$ de diamètre intérieur, qui traversait la courbure du premier de manière à le dépasser fort peu. Une de ses extrémités a été soudée au premier tube avec de l'étain et l'autre dépassait assez pour être reliée par un tube en cautchouc à un aspirateur. La branche vide du tube en U était reliée à un réservoir d'eau de manière que l'eau froide y passait constamment. Cet appareil a été introduit par le vide laissé dans les parois du haut-fourneau pour passer l'embouchure de la tuyère à une profondeur de 0,20 dans l'ouvrage d'un haut-fourneau; on a ensuite bouché l'ouverture entre les branches du tube en U avec de l'argile. On a d'abord aspiré tout l'air restant dans le tuyau et dans la conduite, ce n'est qu'alors que l'on a envoyé les gaz à l'analyse. En entrant dans l'aspirateur en verre, il avait l'apparence d'une fumée épaisse, ce qui provenait probablement de son mélange avec du carbone fixe très fin entraîné par lui.

Les analyses de deux essais donnèrent :

	I.	II.
Oxygène	15,24	15,75
Hydrogène. . . .	1,80	-
Oxyde de carbone .	2,10	1,30
Acide carbonique .	3,00	2,15
Azote	77,86	80,80
	100,00	100,00

Ces analyses ne peuvent guère être exactes, car les gaz contiennent :

$$O = 15,24 = 15,24 \text{ et } O \quad 15,75 = 15,75$$
$$CO = 2,10 = 1,05 \text{ et } CO \quad 1,30 = 0,65$$
$$CO^2 = 3,00 = 3,00 \text{ et } CO^2 \quad 2,15 = 2,15$$
$$19,29 \qquad\qquad 18,55 \text{ oxygène,}$$

et $\dfrac{20,96}{79,04} = \dfrac{19,29}{x}$ $\quad x = 75,03$ azote et non 77,86

$\dfrac{20,96}{79,04} = \dfrac{18,55}{x}$ $\quad x = 69,04$ azote et non 80,80

on ne peut s'expliquer d'où provient un tel excédant d'azote.

Néanmoins, on voit par ces résultats, que dans le creuset du haut-fourneau le carbone et l'oxygène se trouvent prédominants à l'état libre.

Des essais semblables ont été faits dans un four à réchauffer alimenté à la houille, en soutirant les gaz immédiatement au-dessus de la grille.

L'analyse donna :

	III.	IV.
O . . .	13,15	12,33
CO . . .	3,31	2,10
CO^2 . . .	1,04	4,20
Azote . .	82,50	81,37.
	100	100

Ces analyses sont cependant aussi peu exactes que les précédentes, en ce qu'elles auraient dû donner 59,74 et 66,29 azote au lieu de 82,50 et 81,37 ; néanmoins elles démontrent la présence d'oxygène libre et de carbone, d'autant plus que le tuyau, au sortir du four, était couvert de noir de fumée qui s'est formé visiblement par le refroidissement subit du C à l'état gazeux.

Pour analyser à des températures encore plus basses le degré de décomposition des produits de la combustion dans leurs éléments, le tuyau en U a été porté à 15 mètres de la grille sous un générateur où la température fondait juste l'antimoine (degré de fusion de l'antimoine 581,8⁰).

L'analyse donna :

	V.	VI.
Oxygène	8,00	7,30
Oxyde de carbone	2,40	4,02
Acide carbonique .	7,12	7,72
Azote	82,48	80,96 au lieu de 61,54 et 64,22,
	100,00	100,00.

Comme contrôle, on a aspiré le gaz à la même place sans le refroidir, par un tuyau en métal, de manière que les éléments libres pussent se réunir par un refroidissement lent.

Il a été obtenu:

VII.

Oxygène	1,21
Oxyde de carbone .	1,42
Acide carbonique . .	15,02
Azote	82,35 au lieu de 40,30,
	100,00.

En moyenne les expériences V et VI donnent: **VII.**

O	7,65 contenant		1,21 contenant		
CO	3,21 $=$ 1,605 C		1,42 $=$ 0,71 C		
CO^2	7,42 $=$ 3,710 C		15,02 $=$ 7,51 C		
	5,315		8,22.		

Le carbone séparé était alors par le refroidissement subit:

$$8,22 - 5,315 = 2,905.$$

Je n'ai pas fait moi-même d'essai dans cette direction, mais j'ai observé constamment dans mes essais de réduction, quand j'opérais à des températures plus élevées, que dans la partie du tuyau en fer dans laquelle les gaz froids passaient, un dépôt de plusieurs grammes de carbone sous forme de noir de fumée.

Ces faits expliquent complètement l'influence de la température sur la réduction du CO^2 en CO, car abstraction faite de la chaleur latente ou de combinaison de CO qui doit nécessairement exister, la surface de contact nécessaire, ainsi que nous l'avons trouvé, est égale à zéro, quand la température est suffisamment haute pour transformer le carbone à l'état gazeux.

Il serait possible aussi, à une température suffisamment haute, que le carbone se transformât en gaz dans une plus grande proportion que celle qui correspond à l'oxyde de carbone et ceci viendrait à l'appui de cette opinion générale des métallurgistes : que la marche du haut-fourneau est d'autant plus avantageuse que la température est plus élevée dans le creuset, car une plus grande quantité de carbone accélère la réduction des minérais. On pourrait citer à l'appui de cette opinion, que les analyses des gaz des hauts-fourneaux par Ebelmen donnent en moyenne des excédants de carbone qui n'ont pas pu être produits par la combustion des gaz par l'air introduit: aussi la circonstance que cet excédant de carbone est accompagné d'un excédant correspondant d'oxygène qui ne peut provenir de l'air introduit, ne s'opposerait pas à cette opinion qu'il provient de la réduction des minérais d'oxyde de fer, où l'oxygène se transforme en gaz, aussitôt que la vapeur de carbone vient en contact avec lui. On s'expliquerait de même l'effet puissant, admirable et jusqu'ici inexpliqué du vent chaud qui doit, par l'élévation de la température, favoriser l'expansion du carbone. Quelque séduisante que soit cette hypothèse, je crois pourtant devoir y résister pour trois motifs.

1° Si nous employons tous les moyens d'élévation de température dans l'ouvrage du haut-fourneau, comme pression de vent, chauffage de l'air, air sec, cette chaleur sera absorbée aussitôt par la gazéfaction du carbone, d'une manière telle, que la température deviendra presque au-dessous de $1/2$ de la primitive, de manière qu'elle sera à peine plus haute qu'elle le serait sans les moyens employés pour l'augmenter; par conséquent la présence du carbone en vapeur ne peut se concevoir en proportion un peu notable et pour conclure, l'action de ces moyens d'augmentation de température se réduit à une diminution de zone ou de l'espace dans lequel la formation de l'acide carbonique et la réduction ont lieu, causes par lesquelles la cuve agissante sera agrandie un peu.

2º Le chauffage préparatoire du vent peut être employé aussi bien comme moyen d'économiser le combustible, que pour augmenter la production des minerais. Dans le premier cas, la température ne sera pas augmentée et l'économie sera proportionnelle à la quantité de chaleur qui sera donnée au vent par le chauffage préparatoire. Mais lorsqu'on emploie l'air chaud sans diminuer la proportion du combustible dans les charges de minérai, la température ne sera pas seulement augmentée dans l'ouvrage, mais dans toute la cuve, ce qui a pour résultat de faire arriver plus vite le minerai dans une région dont la température sera suffisamment grande pour porter l'oxydule de fer et les laitiers à l'état de mélange pâteux. La réduction de l'oxydule de fer, auquel ce mélange s'attache et qu'il enferme, ne peut être faite ni par la vapeur de carbone, ni par son oxyde, il ne peut plus que se transformer en fer métallique par le carbone fixe.

3º Par conséquent cette réduction de fer par le carbone fixe qui peut être considérée comme une explication de l'action d'augmenter la température, est une hypothèse qui concorde beaucoup plus avec les faits que celle d'une gazéfaction du carbone au-dessus de la proportion d'oxygène qui existe dans l'oxyde.

C'est la démonstration irréfutable que les belles expériences métallurgiques de Sᵗᵉ-Claire Deville, donnent des procédés de cémentation actuellement suivis, démonstration qu'on a si longtemps cherchée en vain, malgré toute l'attention dirigée de ce côté.

Si, comme les dernières expériences de Cailletet le montrent, il peut déjà exister librement à une température de 581,8º du gaz de carbone dans les produits de la combustion, il suit qu'à la température où le fer est exposé dans le four à cémentation, au milieu d'une atmosphère qui contient des quantités assez considérables de gaz de carbone libre, ce dernier se combine alors avec le fer.

Chapitre XIV.

Résistance de la colonne de fusion.

Ce n'est pas seulement dans la cuve du haut-fourneau, mais dans chaque appareil de combustion que le combustible offre à l'air introduit et aux gaz ascendants une résistance plus ou moins considérable; la valeur exacte de cette résistance est impossible à déterminer, parce qu'elle n'est jamais constante et qu'elle dépend en général de la grosseur des morceaux de combustible, de la composition des gaz et de leur température.

Si l'estimation exacte n'est pas possible, il est néanmoins utile d'en trouver une valeur approximative, et ce n'est que grâce à elle que nous pourrons reconnaître et trouver les moyens par lesquels on pourra diminuer la résistance.

J'ai utilisé, dans ce but, mes essais sur la surface de contact des combustibles (voir chapitre III) pour trouver le degré d'approximation que représentent les formules et coefficients trouvés, appliqués à l'évaluation de cette résistance.

Les gaz, montant dans le combustible, sont obligés de passer par des canaux infiniment petits qui résultent des vides existant entre les morceaux superposés; ceci revient à conduire l'air par tout un système de tuyaux : il faut donc tenir compte de ces coefficients; il y a cependant cette difficulté que les canaux sont trop irréguliers pour être évalués exactement dans leurs formes et dimensions.

Si le combustible consistait en effet en boules d'égale grosseur, on en pourrait déduire exactement la forme et la grandeur de ces canaux; à défaut d'un meilleur point de repère, nous nous arrêtons à cette manière de voir, et nous admettons que les morceaux de combustible sont des boules du même diamètre.

La section totale des canaux est alors égale à la surface qui reste quand on soustrait de 1 mètre carré, celle que couvrent en coupe horizontale les boules posées à côté les unes des autres. L'unité de surface contient 1110 boules de 0,03 de diamètre, et comme la section de cette boule $= \pi \times 0,03^2 = 0,00070686$, la surface occupée par les boules est

$$1110 \times 0,00070680 = 0,7846 \text{ m}^2,$$

par conséquent, la section totale des petits canaux entre les morceaux de combustible, que nous aurons à porter en compte, sera

$$1 -- 0,7846 = 0,2154.$$

Cette section est la même quel que soit le diamètre des boules, à la condition qu'elles soient égales entre elles pour chaque terme de comparaison.

De cette section libre entre les boules on obtient la vitesse avec laquelle les gaz passent par seconde, en la divisant par leur volume à une température correspondante.

Cette résistance du passage des gaz consiste a) dans le frottement contre les parois des canaux, b) dans le changement de direction des courants de gaz autour des morceaux isolés. On pourrait ajouter un 3ème facteur, c'est le changement de section produisant la contraction et l'expansion des gaz, mais comme ces valeurs sont petites et que nous ne voulons avoir qu'une approximation, j'ai négligé ce facteur.

Pour mettre un gaz en mouvement, il faut nécessairement une force qui consiste dans la pression que donne le piston de la soufflerie, ou dans l'aspiration produite par la cheminée. Cette pression peut être exprimée par une colonne équivalente de mercure ou d'eau (manomètre); chaque résistance cause une diminution dans la hauteur de la colonne; la résistance totale peut donc être calculée en hauteurs de cette colonne et être exprimée par cette valeur. Dans bien des cas on ne la connaît pas, on sait seulement la vitesse avec laquelle les gaz passent par la section de la buse, mais comme cette vitesse dépend de la pression, la dernière peut se déduire de la première

$$p = \frac{v^2}{2\,g} \quad \text{d'où l'on déduit } r = \sqrt{2\,g\,p}$$

où p = hauteur de pression

r = vitesse

g = intensité de la pesanteur = 9,81.

Pour pouvoir déterminer la température et le volume des gaz qui servent à obtenir cette vitesse, nous sommes obligés de revenir à l'analyse des gaz. Comme l'étude de la résistance dans les foyers à été faite au moyen d'expériences décrites dans le chapitre III, où se trouve le résultat de toutes ces analyses, nous allons montrer par un exemple, comment nous allons en tirer parti pour notre but actuel; nous prendrons l'essai VI : cette analyse a donné:

$$1,2567 \text{ m}^3 \; CO^2 \text{ contenant } 0,62835 \text{ m}^3 \text{ vapeur de carbone,}$$

en outre $\quad$ 0,033477 m^3 CO $\quad$ - $\quad$ 0,01673885 m^3 $\quad$ - $\quad$ - $\quad$ -

qui donnent en carbone $\begin{cases} 0{,}62835 \times 1{,}07272 = \mathrm{k}^0\ 0{,}67404 \\ 0{,}01673885 \times 1{,}07272 = \mathrm{k}^0\ 0{,}017956 \end{cases}$

lesquels ont produit par la combustion :

$$0{,}674040 \times 8000 = 5392{,}3 \text{ calories}$$
$$0{,}017956 \times 2400 = 43{,}1$$
$$\left.\begin{matrix} \\ \end{matrix}\right\} = 5435{,}4 \text{ calories},$$

mais il faut en déduire la chaleur latente de la vapeur d'eau qui se trouve dans les gaz, savoir :

$$0{,}031408 \times 0{,}80475 = \mathrm{k}^0\ 0{,}025276 \times 536{,}67 = 13{,}5 \text{ calories},$$
$$\text{Reste } \quad 5421{,}9 \text{ calories}.$$

Pour calculer la température qui existe dans le foyer, nous avons à transformer en poids les volumes des gaz que nous avons analysés, à multiplier les résultats par la chaleur spécifique et à diviser la somme de ces produits par la quantité de chaleur développée.

Nous avons

Mètres cubes				
5,0626	Azote	= k⁰ 6,3614	× 0,2440	= 1,5522
0,068891	Oxygène	= k⁰ 0,089863	× 0,2182	= 0,019608
1,2567	Acide carbonique	= k⁰ 2,4714	× 0,2164	= 0,534810
0,033477	Oxyde de carbone	= k⁰ 0,011896	× 0,2479	= 0,010385
0,0005647	Hydrogène . . .	= k⁰ 0,0008571	× 3,4046	= 0,002918
0,031408	Vapeur d'eau . .	= k⁰ 0,0252760	× 0,4750	= 0,012006
6,482407		8,9906921		2,131927

La température qui règne dans le foyer est alors :

$$\frac{5421{,}9}{2{,}131927} = 2543^0\ C.$$

Le volume par heure des gaz à $0 = 6{,}4626\ \mathrm{m}^3$ est à $2543^0 = 66{,}663\ \mathrm{m}^3$ et par seconde $\dfrac{66{,}693}{3600} = 0{,}01852\ \mathrm{m}^3$ qui traversent le combustible. A l'analyse VI la section de l'espace entre les morceaux de coke $= 0{,}009112\ \mathrm{m}^2$ et par conséquent la vitesse du courant $v = \dfrac{0{,}01852}{0{,}009112} = 2{,}033\ \mathrm{m}$; et la hauteur de colonne correspondante à cette vitesse, exprimée en produits de combustion est

$$p = \frac{v^2}{2\,g} = \frac{2{,}003^2}{19{,}62} = 0{,}2108.$$

J'ai calculé de cette manière les températures et les hauteurs de colonne pour les 9 premiers essais. En voici le tableau :

Essai n⁰	I.	II.	III.	IV.	V.	VI.	VII.	VIII.	IX.
Température	1047⁰	1758⁰	2709⁰	1501⁰	2048⁰	2543⁰	1398⁰	2706⁰	1824⁰
$p =$	0,2085	0,6526	0,4825	0,4810	0,3985	0,2108	0,4113	0,29467	0,05049

La pression qui était à notre disposition dans ces expériences était la force ascensionnelle des gaz dans une cheminée. Cette force, mesurée en hauteur correspondante, a été déterminée d'abord pour la comparer aux résistances. Dans ce but, comme nous l'avons vu par la description des essais mêmes dans le chapitre III, nous avons déterminé les températures des gaz entrant dans la cheminée ; elles étaient :

Expériences	I.	II.	III.	IV.	V.	VI.	VII.	VIII.	IX.
	173⁰	308⁰	318⁰	193⁰	255⁰	240⁰	132⁰	227⁰	339⁰

La pression en hauteur de colonne produite par la cheminée, est donc

$$p = h\,(1 - S\,y)$$

où p est la hauteur de colonne produisant la pression,

h hauteur de la cheminée en mètres,

s poids spécifique des gaz après leur dilatation à la température de la cheminée,

y poids spécifique des gaz suivant leur nature.

On obtient cette dernière valeur en divisant le volume des gaz par leur poids, par exemple pour l'expérience VI que nous avons calculée plus haut, le volume est 6,4626 m³ et le poids $= 8,9907$ k⁰ égale $\dfrac{8,9907}{6,4626} = 1,3912$ k⁰ par mètre cube, et le poids spécifique est alors $\dfrac{1,3912}{1,29366} = 0,0754 = y$.

On obtient de la même manière les valeurs de s.

La hauteur de la cheminée dans ces essais était de 10 mètres.

Ci-après les valeurs de s, y, p pour les expériences de I à IX.

Nᵒ	I.	II.	III.	IV.	V.	VI.	VII.	VIII.	IX.
$s =$	0,61198	0,46974	0,4618	0,58571	0,5169	0,53202	0,67895	0,54586	0,5169
$y =$	1,0245	1,0492	1,0862	1,0383	1,0612	1,0754	1,0378	1,0581	1,00543
$p =$	3,7901	5,0711	4,9889	3,9188	4,5147	4,2785	3,0957	4,2241	4,7966

Les résistances qui absorbent l'aspiration produite par la hauteur de la cheminée sont

$$\text{les frottements} \quad \ldots \ldots \quad \frac{KCF}{4}\,p = p'$$

$$\text{les changements de direction} \quad . \quad p\,x = p''$$

$$\text{et le frottement dans la cheminée} \quad \frac{KL}{D}\,p + 4p + p = p'''$$

où K coefficient de frottement $= 0,024$,

CF surface de frottement qui dans ce cas est égale aux

	I.	II.	III.	IV.	V.
surfaces de contact . . .	0,1347	0,36444	0,71077	0,15715	0,42519 m²

	VI.	VII.	VIII.	IX.
	0,82924	0,28498	0,63576	1,2399 m²

	I.	II.	III.	IV.	V.
de même S est l'espace	0,0051725	0,007008	0,009112	0,0051725	0,007008 m²

	VI.	VII.	VIII.	IX.
entre les morceaux de coke	0,009112	0,0051725	0,007008	0,009112 m².

Les valeurs de p pour les hautes températures sont déjà indiquées plus haut, x désigne le nombre de boules qui se trouvent superposées dans le foyer, d'après lesquelles on a aussi porté en compte le nombre des contours.

Ces valeurs de x sont pour

I.	II.	III.	IV.	V.	VI.	VII.	VIII.	IX.
1,771	3,543	5,314	2,066	4,133	6,200	3,100	6,200	9,300.

La valeur de p pour la cheminée se calcule au moyen du volume des gaz par seconde, elle est pour l'essai VI $\dfrac{6,4626 \text{ m}^3}{3600} = 0,001795$ par seconde à 0⁰ $= 0,003374$ à 240⁰ et comme la section de la cheminée est 0,00465 m², il suit que la vitesse $r = \dfrac{0,003374}{0,00465} = 0,72565$ m et la hauteur de pression $p = \dfrac{0,72565^2}{19,62} = 0,02685$.

Ces valeurs sont pour les expériences

I.	II.	III.	IV.	V.	VI.	VII.	VIII.	IX.
0,07535	0,12145	0,07275	0,041047	0,04682	0,02685	0,05880	0,01881	0,01728.

L est la hauteur de la cheminée $= 10$ m, D en est le diamètre $= 0,077$, par conséquent la hauteur de pression cousommée par le frottement des contours dans la cheminée dans l'expérience VI est

$$\frac{0,024 \, . \, 10}{0,077} \, . \, 0,02685 + 4 \, . \, 0,02685 + 0,02685 = 0,97117 = p''',$$

où $4\,p$ est la valeur de 2 contours à angle droite et p la prsesion correspondante à la vitesse d'écoulement effectif des gaz.

En introduisant les valeurs dans les formules données, nous obtiendrons le résultat final suivant:

Expériences Nᴼ	I.	II.	III.	IV.
Hauteur de pression produit par la cheminée p	3,7304	5,0711	4,9839	3,9188
Résistance de frottement entre les morceaux				
de coke . . . . p'	0,08315	0,20893	0,22582	0,08768
- contours dans le creuset . p''	0,94609	2,31570	2,56410	0,99401
- - par la cheminée même p'''	2,67050	3,26790	2,41250	2,40500
Résistance totale	3,69974	5,78753	5,20242	3,48669.
Différences avec p	— 0,03066	+ 0,71643	+ 0,21852	— 0,43211.

Expériences Nᴼ	V.	VI.	VII.	VIII.	IX.
p	4,5147	4,2785	3,0957	4,2241	4,7966
p'	0,14507	0,11510	0,11211	0,16039	0,041222
p''	2,17830	1,30700	1,25700	1,97970	0,469550
p'''	1,99240	0,79117	2,05650	1,59650	2,526900
Résistance totale	4,31577	2,39327	3,42561	3,73659	3,037672.
Différences avec p	— 0,19893	— 1,88523	+ 0,41991	— 0,48751	— 1,758928.

Ces résultats montrent que dans six cas sur 9 les différences sont très petites et aussi bien négatives que positives, par suite les coefficients et formules employés pour déterminer les résistances méritent confiance.

Si nous voulons maintenant appliquer ces formules et coefficients au haut-fourneau et à la colonne de fusion, nous rencontrerons une difficulté, c'est que dans la cuve il est rare qu'il se trouve du combustible, du minérai et des laitiers de même grosseur, et si ce cas se présentait quand on charge, cette uniformité disparaîtrait dans la cuve. Nous ne pouvons donc connaître la grosseur des morceaux et il serait pourtant important de la savoir, car dans la partie inférieure, la résistance est plus grande que dans la partie supérieure.

Ces difficultés inévitables ne nuisent nullement à la valeur de la méthode indiquée, car comme aux mêmes températures et avec des charges composées de morceaux semblables, on obtient les mêmes résultats, la valeur de cette méthode consiste à nous donner les moyens de reconnaître par quelles circonstances la résistance de la colonne de fusion peut être modifiée. Ce sujet obtient surtout une grande importance par des considérations sur la forme et les dimensions des hauts-fourneaux.

Chapitre XV.

Transmission de la chaleur par les parois des fours.

Le haut-fourneau de Clairval sur lequel Ebelmen a commencé ses analyses classiques sur la composition du gaz des hauts-fourneaux, consommait par chaque kilo de fonte brute produit, 1,48 k^0 de charbon de bois.

Pour nous rendre compte de la transmission par les parois, il faut que nous rectifions ce nombre. Une unité en poids de charbon de bois contenant 8 p. $^0/0$ d'eau, le poids du charbon sec équivalent se réduira à 1,3616. Ensuite le charbon perd par la distillation sèche 13 p. $^0/0$ d'hydrogène, d'oxygène et de carbone qui n'arrivent pas à la combustion, ce qui réduit le poids précédent à 1,1846. Enfin, il contient de plus 3 p. $^0/0$ de cendres qui portent sur 1,3616 de charbon sec ou 0,0485 k^0; ainsi la consommation de carbone pur $= 1,1361$ k^0.

Le travail que produit ce 1,1361 k^0, ne consiste pas seulement dans la fusion de 1 k^0 fonte brute, mais encore dans celle de 1,682 k^0 matières à laitiers et sert de plus à chasser 0,338 CO^2 du minérai et de la castine et à transformer 0,177 d'eau en vapeur. Le chauffage préparatoire du carbone n'est pas porté en compte, parce que la chaleur absorbée est rendue par la combustion.

1,000 k^0 fonte brute absorbe comme chaleur latente de fusion . . . . 175 calories;

pour arriver à 1175^0, point où la fusion a lieu, il ab-

sorbe $\dfrac{1}{0,134487} \times 1175^0$ . . . . 158 -

1,682 k^0 matière à laitier absorbe comme chaleur latente 1,682.60 . . 101 -

et pour être chauffé à 1300^0 1,682 $\times$ 0,171912 $\times$ 1300 . . 376 -

0,338 k^0 acide carbonique correspondant à 0,768 k^0 pierre à chaux et comme le dégagement de l'acide carbonique demande pour la substitution de la chaleur de combinaison 110 calories, nous aurons 0,768 $\times$ 110 . . 84 -

0,177 k^0 eau absorbe en chaleur latente pour son évaporation

0,177 $\times$ 536,67 . . . . 95 -

et ainsi pour produire 1 k^0 fonte brute, on consommera . . . 989 calories.

La moitié du carbone consommé $= 0,56805$ k^0 produit par la

formation de l'acide carbonique 0,56805 $\times$ 8000 . . . . . 4544 calories,

l'autre moitié absorbe pour se transformer en oxyde de carbone

0,56805 $\times$ 2400 . . . . 1363 -

il reste pour la véritable production . . . . 3181 calories,

nous en consommons seulement . . . . 989 -

la différence 2192 représente près de 69 p. $^0/0$.

Quand on voit pour la première fois ce calcul qui prouve une si grande perte de chaleur, on trouve cette dépense insensée et on cherche, mais sans pouvoir trouver; combien d'années j'ai passées pour déterminer la valeur exacte de cette transmission qui ne se calcule pas pour le haut-fourneau, comme les pertes de chaleur de nos habitations, afin de pouvoir la faire entrer dans les calculs et d'en pouvoir tirer des résultats pratiques.

Ce n'est que lorsque je parvins à rendre mon pyromètre pratique pour pouvoir déterminer la température d'un four de verrerie, que j'arrivai à reconnaître que toutes les tentatives pour déterminer les pertes de chaleur autrement que par le moyen que j'indique, seraient vaines; car aussi longtemps que la température du four de verrerie fut inconnue et qu'on n'avait sur ce sujet que des hypothèses, les formules de transmission de Dulong et Petit pouvaient bien s'employer, mais ce ne fut plus possible quand on reconnut que cette température était plus basse qu'on ne l'avait cru.

En présence de ce fait, je fus forcé de me rendre compte de la cause de l'insuffisance du coefficient de Dulong, qui cependant a dû être contrôlé bien souvent. Par le fait, ces coefficients de transmission ont été obtenus dans des appareils qui n'empêchaient pas la circulation de l'air, mais l'air frais ne s'y s'introduisait pas. C'est la circulation libre de l'air autour des appareils qui augmente la transmission de chaleur calculée. Au four à verre dont j'ai déterminé la température, cette augmentation a été décuple, et il m'a été impossible de comprendre pourquoi la circulation de l'air produisait un tel effet. J'ai donc voulu vérifier ce fait par l'expérience.

Dans ce but j'ai fait construire l'appareil représenté fig. 11. A est un vase de fer blanc, ouvert en haut, fermé en bas. 15 tubes en laiton ont été plongés dans ce vase et comme la figure l'indique, reliés entre eux. Le vase cylindrique en cuivre C avec le prolongement D a été relié par le manchon E au système de tuyaux bb; le vase A contient en outre une petite pompe F, qui permet de maintenir une circulation active de l'eau contenue en A. Dans le vase C se trouve une petite grille et au-dessous un disque, soutenu par des pieds, qui empêche la chûte des cendres dans les tuyaux D et bb. Le vase C, préparé ainsi, a été utilisé comme foyer pour la combustion et les produits résultant ont été aspirés dans un gazomètre de 100 litres par un tuyau en caoutchouc et le manchon G en passant par D et bb. Le vase C a été muni d'un couvercle, construit de façon que la chaleur rayonnante du foyer a été arrêtée par lui et employée à chauffer l'air de la combustion de façon à éviter autant que possible les pertes de chaleur.

La température de l'eau en A, celle des produits de la combustion qui s'échappent en G et celle du local où je faisais l'expérience, ont été déterminées exactement.

La chaleur produite dans le vase C a été

    a) partie transmise par la parois du vase et par le tuyau D à l'air.

    b) absorbée par l'eau en A,

    c) enlevée par les produits de la combustion en G.

Cette dernière quantité, défalquée de la chaleur effective produite, donna la chaleur perdue par la transmission.

Pour connaître la chaleur effective produite, les produits de combustion aspirés ont été analysés et au moyen de cette analyse qui a donné leur contenance en C, CO, CO^2 on a calculé sur ce qu'un mètre cube de gaz de carbone se transformant en CO^2 donne 8581 calories et en CO 2574 calories.

Par l'évaluation de la chaleur spécifique des produits de combustion on pouvait se rendre compte de la température initiale du feu en C.

Avec l'appareil que nous venons de décrire, on a fait les expériences de 1 à III; pour celles de IV à VI, par contre, on a remplacé le vase C, et le tuyau D par un tube en terre réfractaire de 44 millimètres diamètre intérieur, 62 millimètres diamètre extérieur et 0,30 longueur, relié à une capsule en laiton par le manchon E. Dans ce tuyau j'ai mis une petite grille pour soutenir le combustible (petits morceaux de charbons).

Ci-après les résultats obtenus:

Résultats des expériences.	I.	II.	III.	IV.	V.	VI.
Température de l'eau en A avant l'essai.	30^0	33^0	$36,5^0$	21^0	27^0	30^0
Température de l'eau en A après l'essai.	$31,5^0$	35^0	38^0	23^0	29^0	32^0
Température de l'air dans le laboratoire	21^0	21^0	21^0	23^0	23^0	23^0
Température des produits de combustion en G	$30,6^0$	$37,6^0$	$40,4^0$	$21,8^0$	$26,6^0$	30^0
Différence de température de l'eau	$1,5^0$	2^0	$1,5^0$	2^0	2^0	2^0
Différence de température de l'air et des produits de combustion en G	$9,6^0$	$16,6$	$19,4^0$	$-1,2^0$	$3,6^0$	7^0
Durée des expériences en minutes	6	3	$3,5$	8	12	9

Composition des produits de combustion.	I.	II.	III.	IV.	V.	VI.
Volume de CO^2	0,1688	0,1312	0,2349	0,1373	0,1072	0,0468
Volume de CO.	0,0320	0,0478	0,0346	0,2437	0,0209	0,0254
Volume de O	0,1265	0,1811	0,1398	0,0860	0,0412	0,0279
Volume de Az.	1,4824	1,2648	1,4747	1,2982	0,5976	0,3240
Total des volumes soumis à l'analyse	1,8097	1,6249	1,8840	1,7652	0,7669	0,4241
Quantité total des produits en litres :						
CO^2	9,32	8,01	12,47	7,78	13,99	11,03
CO	1,77	2,94	1,84	13,81	2,72	5,99
O	6,99	11,15	7,42	4,87	5,37	6,58
Az	81,92	77,84	78,27	73,54	77,92	76,40
	100	100	100	100	100	100
Contenance en carbone de CO^2 en litres	4,66	4,035	6,235	3,89	6,995	5,515
Contenance en carbone de CO en litres	0,885	1,470	0,920	6,905	1,360	2,995
Contenance total de carbone en litres	5,545	5,505	7,155	10,795	8,355	8,510
Chaleur produite :						
1000 litres à 8581 calories .	42,9	37,1	57,4	35,8	64,4	50,7
1000 litres à 2574 calories .	2,3	3,8	2,3	17,8	3,5	7,7
En tout par les temps indiqués plus haut	45,2	40,9	59,7	53,6	67,9	58,4
Production de chaleur par heure (en calories).	452	818	1023	402	339	389

	I.	II.	III.	IV.	V.	VI.
Les produits de combustion se montent par heure :						
CO^2 en mètre cub.	0,0932	0,1614	0,2137	0,05835	0,069955	0,073553
CO. en mètre cub.	0,0177	0,0588	0,0814	0,10753	0,01360	0,039933
O. en mètre cub.	0,0699	0,2230	0,0433	0,03652	0,02685	0,043586
Az en mètre cub.	0,8192	1,5568	1,3418	0,55155	0,38960	0,50934
Dont la chaleur spécifique est :						
1 m.³ de CO^2 à 0,42556	0,069662	0,068685	0,090971	0,024832	0,029768	0,031293
1 m.³ de CO à 0,31024	0,005491	0,018242	0,009785	0,003213	0,004219	0,012389
1 m.³ de O à 0,31024	0,021814	0,069504	0,013508	0,018086	0,013281	0,021697
1 m.³ de Az à 0,30660	0,251170	0,477810	0,411380	0,169100	0,119450	0,156160
En tout	0,318137	0,633831	0,525644	0,215211	0,166718	0,221539
De là nous calculons les températures initiales :	1421⁰	1290⁰	1946⁰	1868⁰	2023⁰	1756⁰
Capacité calorfique de l'appareil à refroidir A ·5,82 k. eau a absorbé par heure en calories	87,3	232,8	149,6	87,3	58,2	77,6
La buse G a evacuée en calories	3,0	10,5	10,2	0,2	0,6	1,5
Somme	90	243	160	87	59	79
Différence contre la production . Chaleur perdue par la transmission	362	575	863	315	280	310

Comme les surfaces de transmission du vase C et du tuyau D sont égales à 0,10966 m² et celle du tuyau en terre 0,0086 m², il suit que la transmission de chaleur par mètre carré a été en calories :

I.	II.	III.	IV.	V.	VI.
3492	5547	8325	36628	32558	36046.

La température de la surface de transmission ne pouvait pas être, bien entendu, la même dans les différents points de la surface, et il faut comparer les quantités de chaleur transmise à la température moyenne de ces surfaces.

Dans mes calculs antérieurs de transmission j'ai calculé, suivant la formule générale connue de Dulong et Petit,

$$S\, m\, a^{\varphi}\, (a^l - 1) + L\, n\, t^b$$

un tableau qui donnait la transmission pour des valeurs successivement croissantes de l, il résulte de ce tableau que ces transmissions correspondent aux températurrs des parois du fourneau.

I.	II.	III.	IV.	V.	VI.
226⁰	288⁰	346⁰	540⁰	538⁰	540⁰

Si ces températures ont été les moyennes de celles des surfaces de transmission, il faut qu'elles aient eu à la place où le feu s'est trouvé une température beaucoup plus haute, mais comme tous les corps deviennent rouges à 525⁰ et que cette incandescence ne s'apercevait pas, il suit que la chaleur perdue par la transmission, dans ces expériences, a été très grande, comme le démontrent les calculs précédents, et a donné depuis 4,3 jusqu'à 22,5 fois le résultat calculé par la formule ci-dessus. Je n'ennuierai pas le lecteur d'autres calculs; comme ces détails peuvent se trouver en d'autres endroits, il suffit de lui avoir démontré que l'influence du courant d'air causé par l'absorption de chaleur, rend les calculs de transmission impossibles à priori, et cette impossibilité est basée sur les causes précitées, résultat des expériences décrites.

Les lois de transmission restent néanmoins les mêmes qu'elles ont été reconnues par le génie de Dulong, la transmission croît en progression géométrique avec la température de la paroi extérieure.

Dans le haut-fourneau servant à la production de la fonte et avec le mode de marche actuel, il est nécessaire de faire une certaine perte de chaleur par la transmission, sans cela on aurait dans l'ouvrage des températures de 2700 à 3000° qui attaqueraient les parois.

La question est autre pour les parties plus hautes où une concentration de chaleur pour l'action de la réduction ne peut être que favorable. C'est le contraire qui a lieu dans la pratique: on rend les parois de l'ouvrage aussi épaisses que possible et les parois de la cuve aussi minces qu'on le peut, ce qui les expose à subir l'influence des intempéries.

A des températures constantes, l'augmentation de la surface des parois est naturellement d'une influence prépondérante. Si, par exemple, la température de la surface de la paroi du haut-fourneau dans la partie supérieure de la cuve est de 10° plus haute que l'air, la transmission théorique, calculée d'après la formule de Dulong sera par heure et par mètre carré environ 57 calories, tandis qu'il se perd en réalité près de 570 calories; c'est pour cela que dans un haut-fourneau, qui ne présente par tonne de charge qu'un mètre carré de paroi, la déperdition est moitié de celle d'un autre, qui, pour la même charge, présente 2 mètres carrés de surface.

MM Gruner et Lang, dans leur *„État présent de la métallurgie du fer en Angleterre"* (Paris, Dunod, 1862), ont donc parfaitement raison en attribuant les économies obtenues dans les hauts-fourneaux dans ces dix dernières années plutôt à l'augmentation de leurs dimensions qu'à toute autre cause; mais ces auteurs n'ont pas moins raison s'ils attribuent à cette augmentation la diminution de leur qualité, et en attribuant la persévérance des maîtres de forges qui ont voulu conserver l'ancienne forme des hauts-fourneaux, non pas à la crainte de les changer, mais au désir ardent de maintenir la qualité de leurs produits.

L'économie est basée sur une transmission moindre des grands fours, ce qui permet de brûler moins de carbone pour obtenir la même température; mais cette quantité moins grande de carbone brûlé fait que la cuve recevra aussi moins d'oxyde de carbone et la réduction des minerais sera moins complète, de manière que lorsque cette réduction aura lieu par le carbone fixe, les produits contiendront plus de silicium.

L'utilité pratique de cette considération est: qu'il faut éviter tous les moyens qui pourraient augmenter la température dans les étalages, mais par contre, par la diminution de la transmission, par la quantité de chaleur et par la richesse des gaz, maintenir dans les parties supérieures de la cuve les plus hautes températures possibles pour avoir le maximum de produit, sans diminuer leur qualité.

Chapitre XVI.

Conductibilité des différents matériaux pour la chaleur.

De tout temps, on a fait une distinction entre les corps bons ou mauvais conducteurs de la chaleur, mais ce n'est que tout récemment que Péclet a indiqué une méthode aussi simple que sûre et ingénieuse pour déterminer exactement les coefficients de conductibilité. Ces coefficients expriment les calories qu'une matière quelconque laisse passer par unité de temps, unité d'épaisseur et unité de surface pour une différence de 1^0 de température entre les parois chauffée et transmettante.

Par exemple, un cube de 1 mètre de pierre à chaux qui serait chauffé sur une de ses six faces par une source de chaleur quelconque et aurait la face opposée exposée à l'air, laisse passer par cette dernière pour 1^0 différence de température entre elles, 2,08 calories pendant l'unité de temps; un même cube en bois de sapin, ne donnerait que 0,093 calories. Pour une différence de température de 10^0, la chaleur passée par heure serait respectivement 20,8 et 0,93 calories.

Désignons ce coefficient de conductibilité par C, par Q la quantité de chaleur transmise par mètre carré pour une température $t - t'$, suivant la formule de Dulong, par e l'épaisseur du corps conducteur, t et t' désignant les températures des surfaces intérieure et extérieure et t'' la température de l'air, nous avons:

$$C = \frac{Q\, e\, (t' - t'')}{t - t'}$$

Les valeurs de t et t'' se prennent directement, lors de l'expérience, de même que e, et Q se détermine par le calcul.

La figure 12 représente une coupe verticale de l'appareil qui sert à cette détermination. A est une colonne thermo-électrique consistant en barres de bismuth et fils de cuivre; B est un vase en cuivre rectangulaire rempli d'eau qui occupe toute la largeur et la hauteur de la colonne A, dont le contenu peut être porté au moyen de la lampe N à n'importe quelle température au-dessous de 100^0; on la constate par un thermomètre que l'on y plonge. — C représente le corps dont on veut déterminer la conductibilité; pour les dimensions de l'appareil, il consiste en morceaux carrés de 0,12 de côté : l'épaisseur varie de 0,02 à 0,07. F est une boîte vide en tôle de cuivre dont le côté est ouvert suivant e jusqu'à un bord de 0,01, qui est maintenu contre C au moyen d'une rondelle en caoutchouc et de boulons ff. Cette boîte est alimentée de vapeur par le petit générateur H, et l'eau condensée s'écoule par i. k et k sont deux écrans qui protègent la colonne thermo-électrique contre l'influence de C et B jusqu'à ce que la température soit devenue constante.

La surface d est peinte de la même couleur à l'huile que la boîte à eau B de manière que les deux surfaces représentent le même pouvoir rayonnant. Les morceaux C à expérimenter, restent ensuite en F une heure en contact avec la vapeur jusqu'à ce qu'on puisse supposer que leur température n'augmente plus. La température du côté e du morceau C est alors évidemment $= 100^0 = t$. Quand la surface d et la surface B ont la même température, la pile thermo-électrique n'agit plus, mais aussitôt qu'une des surfaces est plus chaude que l'autre, l'aiguille dévie sur le rhéomètre, qui n'est pas représenté dans la figure.

On cherche alors à chauffer l'eau qui est dans B de façon que le rhéomètre arrive à 0; la température de la surface de B est alors égale à celle de d et de cette façon nous déterminerons t', la seule valeur encore inconnue dans notre formule.

Comme la plaque F ne rend pas seulement de la chaleur à la surface d, mais dans toute la circonférence entre d et C, nous avons encore à introduire un coefficient de correction, que l'on peut déterminer en cherchant la conductibilité des mêmes matériaux d'une autre manière. Mais tous ces détails nous éloigneraient trop de notre but, il suffit pour le remplir d'avoir indiqué en général la manière de déterminer la conductibilité. La connaissance de cette conductibilité pour les divers matériaux nous est doublement utile en ce qu'elle nous donne les moyens de limiter la transmission de chaleur et ceux de déterminer la vitesse de pénétration de la chaleur dans les charges, comme nous le verrons plus tard.

D'après les expériences de Péclet, la conductibilité C est:

	Poids spécifique	
Pour la houille des cornues à gaz (qui représente le coke)	1,61	= 4,96
Pierre à chaux	2,37	= 1,70
Sapin (fibres parallèles à la longueur)	0,48	= 0,170
Chêne		0,211
Charbon de bois pulvérisé	0,41	= 0,81
Coke pulvérisé	0,77	= 0,160
Cendres de bois	0,45	= 0,06
D'après mes observations briques de		0,2428
à		0,8705
Briques d'argile cloisonnées comme fig. 13		0,408
Air calme		0,024
Fer		28,000.

On voit que la conductibilité augmente avec le poids spécifique, si ce n'est exactement, au moins approximativement et que la porosité d'un corps n'en diminue pas la conductibilité.

Chapitre XVII.

Absorption de la chaleur par les charges.

Pour déterminer le volume des zones dans la cuve du haut-fourneau, nous n'avons pas d'autre moyen que de supposer que l'ensemble de la charge prend la température des gaz qui passent aussi vite qu'elle baisse dans le courant de ces gaz. Nous allons démontrer, du reste, que cette hypothèse est réelle.

Le temps nécessaire à un corps quelconque pour prendre la température du milieu dans lequel il se trouve, dépend de sa conductibilité pour la chaleur, de sa densité et de sa chaleur spécifique. Désignons la première par C, la seconde par d et la chaleur spécifique par s, nous aurons la relation

$$k = \frac{C}{s\,d}.$$

Pour du minerai de fer le moins dense, soit du minerai spathique $d = 3,6$, pour la pierre à chaux 2,25 et pour le coke 0,76. La conductibilité des minerais n'est pas connue, mais quand $d = 3,6$, C ne peut être plus petit que 5. Pour la pierre à chaux et le coke, la valeur de C est 1,7 et 3 au minimum et pour ces trois corps, nous pouvons admettre comme maximum de valeur $s = 0,2$, 0,3, 0,2; nous avons alors pour le minerai, $k = \dfrac{0,5}{0,2 \cdot 3,6} = k = 7$, pour la pierre à chaux $\dfrac{1,7}{0,3 \cdot 2,25} = k = 2,5$ et pour le coke $\dfrac{3}{0,2 \cdot 0,76} = k = 20$.

Maintenant, la température d'un corps dilatable à l'infini à la distance e après le temps z, lorsque le corps est en contact à son extrémité avec une source de chaleur constante de température t est $= t' = t\,(1 - A)$ et

$$A = \frac{e}{\sqrt{k\,\pi\,z}}\left[1 - \frac{\varphi^2}{1 \cdot 3} + \frac{\varphi^4}{1 \cdot 2 \cdot 5} + \frac{\varphi^5}{1 \cdot 2 \cdot 5 \cdot 7}\right] \text{ et } \varphi = \frac{e}{2\sqrt{k\,z}}.$$

L'ensemble de la charge d'un haut-fourneau n'est pas dilatable à l'infini, mais un corps d'expansion proportionnellement très petite. La formule n'en est pas moins applicable, en ce que l'on détermine autrement la valeur de e, en considérant les morceaux isolés dans les charges comme des boules, la surface qui absorbe la chaleur est leur surface même, mais la masse devient plus petite en partant de cette surface. Le volume d'une boule de 0,06 est 0,000113 m³, la surface est 0,01131 m², par suite $e = \dfrac{0,0001131}{0,01131} = 0,01$.

Comme le coke a la valeur la plus grande pour k, il suffit de démontrer que les morceaux de coke de 0,06 de diamètre prennent après $1' = 0,01666$ d'heure la température des gaz ambiants. D'après la notation précédente, nous avons

$$\varphi = \frac{0,01}{2\sqrt{20 \cdot 0,01666}} = 0,00866$$

$$\frac{\varphi^2}{1 \cdot 3} = 0,000025 \text{ et } \frac{\varphi^4}{1 \cdot 2 \cdot 5} = 0,0000000000056,$$

la somme des deux $= 0,00002500056$ et il reste quand on l'a soustrait de 1, $= 0,99997$

d'où $A = \dfrac{0,01}{\sqrt{20 \times \pi \cdot z}} \cdot 0,99997 = 0,99997$.

Si on avait, par conséquent, mis une boule de coke de 0,06 de diamètre dans un gaz d'une température de $2000^0 = t$, on obtiendrait en $1'$ une température $t' = t\,(1 - A) = 2000 \times 0,99997 = 1999,9^0$.

Cette formule suppose que la source fournit autant de chaleur que le corps en absorbe, ce qui n'est pas toujours dans le four à réverbère; par contre dans le haut-fourneau, il ne peut pas y avoir de doute, les gaz ne quittant le gueulard qu'à une température d'environ 100^0.

Chapitre XVIII.

Moyens de diminuer la transmission de chaleur.

Le premier et le meilleur moyen de diminuer la transmission d'un four, consiste, comme nous l'avons déjà dit, à avoir la proportion la plus grande possible entre sa capacité totale et sa surface de paroi extérieure.

Par exemple, un four qui aurait 1 mètre carré de base et 3 mètres de hauteur aurait une capacité de 3 mètres cubes, et une surface de parois de 12 m². Ce qui ferait un rapport de ³/₁₂ ou ¹/₄. Un four carré de 2 m de côté et 3 m hauteur, aurait 12 m³ de capacité et 24 mètres carrés de parois et le rapport serait ¹²/₂₄ $= $ ¹/₂.

Ce dernier four aurait alors pour la même température et dans des proportions d'ailleurs égales, une perte par la transmission moitié de celle du premier.

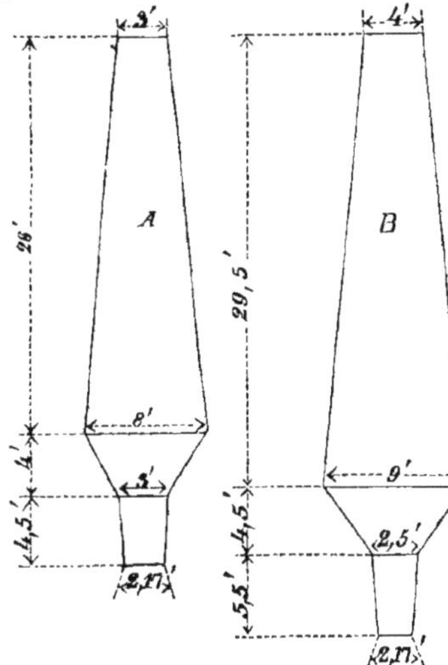

Dans ce cas, on pourrait économiser la moitié du combustible nécessaire pour la transmission dans le premier et la température, à consommation égale de combustible, serait d'autant plus haute. Comme exemple de l'influence que les diverses constructions de fours exercent sur la consommation du combustible, Schérer cite dans son traité de métallurgie (vol. II page 130) deux hauts-fourneaux au coke de Neunkirch dont il indique exactement les dimensions, que nous représentons dans la figure ci-contre.

La capacité du haut-fourneau A est de 733,5 pieds cubes, tandis que sa surface de parois est 755,85 pieds carrés. Le haut-fourneau B a une capacité de 1117,03 pieds cubes et 723,20 pieds carrés de surface de parois d'où l'on peut calculer la proportion pour $A = 1{,}075$ et $B = 1{,}064$.

Ce n'est donc pas la construction de ces hauts-fourneaux, mais leurs grandeurs différentes et les rapports entre leur capacité et leur surface qui sont cause d'une moindre consommation dans le haut-fourneau B.

Le même auteur s'étend ensuite dans une longue comparaison entre les hauts-fourneaux au coke de la Silésie supérieure et ceux de la Belgique; il explique les causes qui limitent la consommation relative dans la première série à 2,45, tandis qu'en Belgique on a 2,20; mais il perd de vue le point le plus important: que la capacité des hauts-fourneaux de Königshütte n'est que de 1950 pieds cubes, tandis que ceux de Belgique ont 3690 pieds cubes. La proportion $\dfrac{3690}{1950} = 1{,}89$ justifierait une consommation relative beaucoup plus grande à Königshütte que dans les hauts-fourneaux belges, et au lieu de l'excuser du résultat défavorable de cette comparaison, il aurait dû faire à la direction de l'usine des compliments très fondés.

Nous n'avons considéré dans ce qui précède que la surface de paroi intérieure et en effet, c'est cette surface qui reçoit la chaleur en premier lieu; néanmoins, la somme de chaleur transmise peut être considérablement modifiée par l'épaisseur plus ou moins grande et par la conductibilité des parois, ainsi qu'il résulte de la formule

$$T' = \frac{t - t''}{1 + Q\,\dfrac{e}{C}} + t'',$$

où t' est la température de la paroi extérieure, t'' température de l'air ambiant, t température intérieure, e épaisseur du mur, Q transmission par mètre carré et par heure pour une température t' exprimée en degrés centigrades, C conductibilité des matériaux dont le fourneau est fait.

Nous empruntons à Péclet le tableau suivant qui donne pour 1 mètre de longueur la quantité de chaleur transmise par un tuyau horizontal de 0,1 diamétre, chauffé par la vapeur à 100⁰ quand l'air ambiant est calme, et à 15⁰ et les épaisseurs de parois croissantes et de valeurs diverses $= C$.

	Epaisseur de mur $= c$.						
	0,01	0,02	0,03	0,04	0,05	0,10	0,15 Meter
	Chaleur transmise.						
0,04	74,6	50,2	39,1	32,3	28,2	18,7	15,0	-
0,08	109,2	82,7	67,8	58,3	51,8	34,1	29,4	-
0,16	142,1	122,1	107,9	97,3	89,4	63,4	56,6	-
Valeur 0,32	167,3	160,4	153,1	146,3	104,2	111,3	103,2	-
de C 0,64	183,6	190,2	193,8	195,2	196,0	178,6	177,3	-
1,28	193,3	209,7	223,1	234,5	244,6	256,1	276,7	-
2,56	198,0	221,0	241,9	260,8	279,2	327,0	384,6	-
5,12	200,7	227,1	252,3	276,3	300,4	379,6	477,6	-

Les comparaisons qui résultent de ce tableau, nous font voir bien clairement l'influence de l'épaisseur et de la conductibilité des parois, elles nous montrent que la transmission diminue très rapidement en raison inverse de leur épaisseur quand la conductibilité est petite. Lorsque cette dernière arrive à 0,64, l'épaisseur des parois n'a plus qu'une faible influence, mais quand la conductibilité croît, l'augmentation d'épaisseur des parois est très nuisible.

La moindre transmission des parois a lieu quand la conductibilité des matériaux est la plus petite et leur épaisseur la plus grande.

Naturellement, on ne peut pas aller à l'extrème dans ce dernier cas, car l'intérêt du capital employé en plus, ne serait plus en proportion avec l'économie du combustible qu'on obtiendrait.

La conductibilité, par contre, peut être diminuée sans grands frais a) par le choix des matériaux, b) par des cavités, c) par le choix d'une dernière couche extérieure dont le rayonnement est moindre que celui des matériaux.

J'ai trouvé souvent que pour les briques d'un même four, quoique employées dans un mur léché par les mêmes gaz chauds, la conductibilité peut être différente, ainsi certaines briques sont tellement chaudes, qu'on ne peut pas tenir la main dessus, tandis que d'autres, situées à côté, sont relativement froides. Ces grandes différences proviennent simplement de ce que dans le four à cuire les briques, la température n'était pas régulière, de manière qu'il produit des briques très dures et d'autres moins dures et qu'en raison de leur densité différente, leur conductibilité diffère aussi. Pour les parois des hauts-fourneaux, nous devons cependant faire une distinction entre les conditions auxquelles doit répondre la cuve intérieure et celles que doit remplir la maçonnerie extérieure.

Des briques ou des pierres moins dures ou poreuses employées pour la cuve, l'exposeraient à une destruction rapide par la fusion et par d'autres actions mécaniques. Ce n'est donc que dans la muraille extérieure que l'on emploie des matières peu conductrices. Le minimum de la conductibilité indiqué par le chapitre XVI pour des pierres cuites, se rapporte aux pierres qui ont été rendues poreuses par une grande addition de charbon pulvérisé, de manière qu'elles surnagent sur l'eau. Ces pierres, résistant parfaitement à la pression, peuvent être employées pour l'entourage; mais cependant, elles se détériorent facilement par l'humidité. Les pierres dures et caverneuses dont la conductibilité a été trouvée 0,2449 résisteraient cependant aussi aux intempéries.

La transmission peut encore être fortement diminuée en ménageant des vides dans la maçonnerie; l'air enfermé agit comme très mauvais conducteur à la façon des pierres creuses. La transmission des parois composées de plusieurs couches de conductibilité différente, peut se calculer par la formule suivante:

$$t' = \frac{t - t''}{1 + Q\left(\dfrac{e}{C} + \dfrac{e'}{C'} + \dfrac{e''}{C''} \cdots\right)} + t''$$

Par exemple:

pour la couche intérieure . . . . $e\ \ = 0{,}25$ mètres et $C\ \ = 0{,}4200$
pour l'espace rempli de cendres de bois entre

    la cuve et la muraille extérieure . . . $e' \ = 0{,}15$ -   - $C' \ = 0{,}0600$
pour la couche intérieure du mur extérieur . $e'' = 0{,}20$ -   - $C'' = 0{,}2449$
pour une couche d'air . . . . $e''' = 0{,}15$ -   - $C''' = 0{,}024$
pour la couche extérieure du mur extérieur . $e'''' = 0{,}40$ -   - $C'''' = 0{,}2449$

    supposons $t = 1400^0$ et $t'' = 15^0$, nous aurons $Q = 1$

$$\text{et } t' = \frac{1400 - 15}{1 + 1\left(\dfrac{2{,}25}{0{,}42} + \dfrac{0{,}15}{0{,}06} + \dfrac{0{,}2}{0{,}2449} + \dfrac{0{,}15}{0{,}024} + \dfrac{0{,}4}{0{,}2449}\right)} + 15 = 93^0,$$

pendant qu'une paroi de 1,15 m d'épaisseur dont la conductibilité $= 0{,}42$ donnerait

$$t' = \frac{1400 - 15}{1 + 1\left(\dfrac{0{,}42}{1{,}15}\right)} + 15 = 1001^0.$$

Le coefficient du rayonnement des briques de grès est 3,62, par conséquent dans ces conditions, une surface de 1 m² rayonne par heure pour $t' = 100^0$ 562 calories et pour les coefficients

    $= 0{,}13$ pour l'argent poli, le rayonnement serait de 20 calories,
    $= 0{,}258$ - bronze - -   -   - 40   -
    $= 0{,}16$ - cuivre - -   -   - 25   -

La seule difficulté serait de maintenir ces couvertures métalliques du mur extérieur toujours nettes et luisantes, cependant cette dépense pourrait encore être moindre que l'économie réalisée.

Chapitre XIX.

Réductomètre.

La quantité de chaleur dont un poids donné de fonte a besoin pour sa fusion et le degré de température de cette fusion (1100 à 1250^0), sont, ainsi qu'on le sait, très petites, par rapport aux calories produites, d'après l'expérience, par la combustion du carbone consommé pour obtenir ce poids dans le haut-fourneau. Les quantités de chaleur excédantes sont en partie consommées par les laitiers qui accompagnent cette fonte en quantité variable avec la nature du minerai, non seulement parce qu'ils contiennent par eux-mêmes diverses matières à laitiers, mais encore parce que ces matières exigent aussi des quantités différentes d'autres substances qui en augmentent la quantité.

Comme pour la fusion d'un poids donné de laitier, il faut plus de chaleur que pour celle d'une même quantité de fonte, les quantités de charbon consommées augmentent dans la proportion de la quantité de laitiers qui l'accompagnent.

L'augmentation des matières à laitiers n'est pas arbitraire, elle dépend du temps nécessaire au minerai pour arriver du gueulard par la cuve dans la zone où le laitier et la fonte entrent en fusion, temps qui dépend de la réductibilité plus ou moins grande des minerais. Comme dans le haut-fourneau, on ne peut mettre qu'un certain nombre de charges, l'oxyde du minerai sera d'autant plus exposé au gaz réducteur, qu'il entre avec lui, dans le lit de fusion, plus de matières à laitiers. Dans la pratique, on trouve cette quantité par des tâtonnements, de même que le combustible qu'il faut; mais ces expériences ne renseignent nullement sur les lois de réduction des minerais.

J'ai pensé qu'il était fort important de connaître ces lois et j'ai passé plusieurs années à faire des expériences pour pousser cette connaissance aussi loin que possible. Ces lois ont pour objet de déterminer l'influence du temps, de la température, ainsi que de la qualité et de la quantité du gaz et des minerais.

A l'exception de quelques essais isolés qu'a faits Ebelmen dans le haut-fourneau, pour reconnaître la conductibilité des minerais, tous les autres ont été faits avec de l'oxyde de carbone pur. Je suivis d'abord cette voie, mais je vis bientôt que l'emploi de ce gaz ne peut pas donner de grandes différences avec les divers minerais. J'ai donc conclu que ce n'est qu'en employant des gaz comme ceux des hauts-fourneaux, qu'on peut arriver à des résultats utiles. Leur composition dans l'ouvrage est assez constante et n'est modifiée que par l'humidité plus ou moins grande de l'air introduit; il semblait résulter de là qu'il est très facile de produire les mêmes gaz, mais je fus trompé dans mon attente. J'essayai diverses méthodes pour les produire, mais je ne pus obtenir de résultats constants; je fus alors obligé de procéder à un autre mode de recherches, c'est à dire de reconnaître les lois sous l'influence desquelles il se forme constamment de l'oxyde de carbone, sans mélange d'acide carbonique. De cette recherche sont résultées les lois relatives à l'action de la surface de contact, mais elles ne suffisent pas pour produire constamment de l'oxyde de carbone avec l'acide carbonique et j'ai été encore obligé de faire une grande série d'expériences pour déterminer l'influence de la température. (Voir chapitre IV.)

Après que j'eus reconnu, par cette voie, qu'une surface de contact suffisante et une haute température sont nécessaires pour la formation de l'oxyde de carbone, j'en conclus que les moyens actuellement employés dans le haut-fourneau sont les moins coûteux et les plus sûrs.

Pour le reconnaître, je fis construire un cylindre en tôle noire de 0,51 de hauteur et de 0,30 diamètre dans lequel je construisis un petit haut-fourneau d'une capacité de 0,1111 m³ avec de la terre réfractaire. En considérant les morceaux de charbon dont je devais me servir comme des boules de 0,015 diamètre, un mètre cube de ces boules donnerait une surface de contact de 21 m² par conséquent la section dans le four présentera une surface de $21 \times 0{,}0111 = 0{,}2331$ m². Ensuite, comme à la température peu élevée de 800°, 1 m³ cube d'air exige par seconde 1000 mètres² de surface de contact, il faudra introduire pendant ce temps dans le haut-fourneau

$$0{,}0002331 \text{ m}^3 \text{ cubes d'air } (1000 : 0{,}2331 : 1 : x).$$

La cloche à gaz, dans laquelle on reçoit les gaz, contient 100 litres et par conséquent, il nous faut pour remplir cette cloche $\dfrac{0,1}{0,0002331} = 429''$ un peu moins de 7'.

La figure 14 représente l'ensemble de l'appareil. A figure le petit haut-fourneau que nous venons de décrire, il communique avec la soufflerie à caisse BB par le tuyau a. Les gaz produits par la soufflerie en A, se refroidissent dans un rafraichissoir C par lequel ils passent pour arriver dans la cloche en verre D d'une contenance de 100 litres. Pour faire disparaître les dernières traces d'acide carbonique dans les gaz, ils passent avant de pénétrer dans l'appareil de réduction par l'épurateur E dont la trémie est remplie de chaux en grains éteinte dans la soude caustique, qui dessèche en même temps les gaz. De là, ils se rendent dans l'appareil de réduction FF qui se trouve dans le fourneau GG, relié à la soufflerie BB qui sert à activer le feu.

L'appareil de réduction FF est représenté en détail dans la figure 25 à l'échelle de $^1/_5$. a est un robinet qui, au moyen d'un tube en cautchouc, reçoit le gaz de E; bb est un tube de cuivre ajusté hermétiquement à un tuyau en fer forgé cc. C'est dans ce tuyau qu'on introduisait le tuyau en tôle dd, qui y entrait à frottement doux; de même l'extrémité du tuyau dd était introduite dans un gros tuyau en fer forgé ee qui se terminait par un tuyau en bronze ff et par un robinet g.

hh est l'élément thermo-électrique qui forme le pyromètre avec l'appareil à mesurer le courant qui n'est pas indiqué dans la figure. L'élément consiste en un tuyau de fer forgé ii dans lequel on a vissé un tuyau en cuivre kk. ll est un fil en platine soudé à une extrémité du tuyau en fer et passant par son centre. L'intervalle entre le fil et le tuyau est rempli de chaux caustique. Dans le tube en cuivre kk, le fil est isolé par un tube en verre.

Comme l'indique la figure, cet élément thermo-électrique plonge au milieu du tuyau en tôle dd dans lequel se trouve le minerai soumis aux expériences, de manière à donner exactement la température moyenne qui règne dans le tuyau, température à laquelle le minerai est exposé.

Pour qu'il ne puisse tomber du minerai du tuyau dd dans le tuyau cc et dans le tuyau ee, j'ai mis des toiles métalliques sur les petits tuyaux mm, qui se trouvent pris entre les tuyaux dd. Enfin, l'ensemble de ces tuyaux est glissé dans une moufle en terre réfractaire dont les extrémités sont bouchées avec de l'argile.

Afin que la cloche à gaz D fasse passer dans l'appareil de réduction depuis le commencement de l'expérience jusqu'à la fin, des quantités égales de gaz dans des temps égaux, elle est équilibrée par le bras de levier rr et par le poids w.

Le cadran H, muni d'une aiguille, sert de multiplicateur pour le petit mouvement de la cloche, en ce que le petit pignon qui fait mouvoir l'aiguille est calé sur l'axe d'une poulie dans la gorge de laquelle passe une petite corde portant le contrepoids x. L'abaissement de la cloche D a lieu plus ou moins vite, selon que le robinet s, appliqué à l'épurateur E, est plus ou moins ouvert. On a déterminé par l'expérience, à l'aide d'une montre à secondes et du robinet s le nombre de degrés dont avance l'aiguille H pour faire arriver la cloche à fond en 2, 3, 4 ou 5 heures et envoyer par suite 100 litres de gaz dans l'appareil.

Pour emplir la cloche D de gaz, on enlève le couvercle du fourneau A dont toute la contenance en charbon devient incandescente, on remet alors le couvercle à sa place et on rouvre la communication avec D par le robinet c.

Cette opération préliminaire est tout à fait indispensable, elle exige même beaucoup de soin et de précaution, sans cela les gaz se mélangeraient avec beaucoup d'acide carbonique. Les robinets a et g de l'appareil de réduction FF ont pour but d'interrompre la communication entre l'air et le gaz des minerais en dd, après que l'opération a été terminée, mais ils n'ont pas rempli mon attente; les minerais déjà réduits ont toujours été oxydés par des rentrées d'air et je n'ai plus eu d'autre moyen que de les faire refroidir dans un courant de gaz, avant de permettre l'accès de l'air.

T est un appareil de refroidissement rempli d'eau, par lequel passe l'élément thermo-électrique de manière que le tuyau en cuivre kk et le tuyau ii se partagent dans la longueur de ce vase. y est le thermomètre par lequel on détermine la température de ce vase à chaque opération.

La longueur du tuyau de réduction dd figure 15, entre les diaphragmes mm et nn, est exactement 0,10, son diamètre intérieur est de 0,047 et sa capacité, déduction faite de l'élément thermo-électrique qui y plonge est de 110 centimètres cubes et cet espace est toujours rempli des minerais à essayer.

Au commencement j'ai voulu rendre possible l'essai de plusieurs minerais placés à la suite les uns des autres, par l'application de plusieurs diaphragmes, seulement le plus rapproché de l'introduction du gaz a été réduit le premier.

Mais cette circonstance est aussi nuisible quand on n'essaie qu'un seul minerai : les derniers morceaux étant moins réduits que les premiers. Si on veut, par conséquent, déterminer l'état de réduction des minerais par l'analyse chimique, il faut faire attention de prendre également des premiers et des derniers morceaux, ou seulement de ceux qui se trouvent au milieu.

Tous les minerais essayés, tant naturels qu'artificiels, ont été mis en morceaux uniformes de 0,005 de diamètre.

Les résultats de l'essai, c'est à dire de la quantité d'oxyde réduit dans les minerais, seraient déterminés plus exactement en pesant les morceaux avant et après leur passage dans l'appareil. Mais ceci n'est pas possible, car en le démontant, il faut quelquefois développer une force tellement grande qu'il en résulte des ébranlements qui occasionnent la perte d'une partie de son contenu; de plus, le minerai se soude aussi aux parois du tuyau et ne peut pas se détacher complètement, puis les morceaux ne sont pas toujours de la même composition, de manière que la constatation des résultats par l'analyse est le moyen le plus sûr de savoir combien d'oxygène a été perdu par le minerai soumis à l'essai.

Ci-après la méthode que j'ai suivie pour l'analyse : Lorsqu'un morceau de minerai plongé dans de l'acide chlorhydrique dissous dans l'eau, ne dégageait plus d'oxygène, je prenais et pulvérisais 2 à 3 gr. de ce minerai, j'en pesais environ la moitié dans un petit ballon à long col contenant environ 3/8 litre.

La première partie, exactement pesée, servait à déterminer la quantité de fer contenue dans le minerai. Pour cela, on versait sur la poudre de l'acide chlorhydrique pur et on faisait digérer le mélange pendant quelques heures dans un bain d'eau chaude de 60 à 70° de température. Lorsque toute la poudre avait été visiblement décomposée, on portait le tout à l'ébullition au moyen d'une lampe à alcool et on ajoutait graduellement de petits morceaux de chlorate de potasse jusqu'à ce que l'odeur du chlore qui se dégageait devint sensible. Le liquide était ensuite maintenu en ébullition jusqu'à ce que l'odeur du chlore ne fût plus sensible, après une petite addition de ClH. On a porté alors le contenu du matras dans un ballon à long col de ³/₈ litre en lavant le premier avec ¹/₄ litre d'eau distillée et ajoutant cette eau de lavage à la solution. Ensuite on mit au-dessous du ballon une lampe à alcool qui a remis le liquide en ébullition qu'on a maintenue pendant ¹/₄ d'heure pour dégager l'air contenu dans l'eau et priver le chlorure du fer du chlore libre. On a ensuite pesé exactement une lame mince de cuivre, préparée par la galvanoplastie, ayant 0,09 longueur, 0,015 largeur et 1 à 2 millimètres épaisseur. On l'a attachée à un fil de platine mince et plongée lentement dans le liquide en ébullition. Le ballon a ensuite été fermé par un bouchon de liège percé où on a passé un tuyau en verre de 0,40 longueur et 5 millimètres diamètre, de manière qu'il dépassait le ballon de toute sa longueur. Ce tube servait au dégagement de la vapeur; le contenu du ballon a été maintenu en ébullition jusqu'à ce qu'il devint incolore ou faiblement verdâtre, ce qui, pour une faible contenance en fer, a lieu en ³/₄ d'heure et pour de plus grandes, dure plusieurs heures.

On a alors ôté la lame au moyen du fil de platine et on l'a plongée vivement dans l'eau chaude distillée, puis lavée proprement et desséchée. On l'a pesée et la différence entre cette pesée et la première a montré combien il a fallu de cuivre pour transformer $Fe^2\,Cl^3 + Cu$ en $2\,Fe\,Cl + Cu\,Cl$.

1 gramme de cuivre dissous correspond à 0,88606 gr. de fer dans le minerai essayé.

Le minerai, pesé dans le ballon, est alors mélangé à un volume égal de bi-carbonate de soude; ce ballon est ensuite fermé par un bouchon percé en deux endroits. Par l'une des ouvertures passe un tube à entonnoir dont l'extrémité inférieure est un peu éffilée; par l'autre s'introduit un tuyau deux fois courbé à angle droit, dont l'extrémité libre plonge de quelques millimètres dans l'eau.

Le ballon est ensuite posé dans un petit bain d'eau; on verse alors dans son intérieur par le tuyau terminé en entonnoir de l'acide chlorhydrique goutte à goutte, qui détermine un dégagement violent d'acide carbonique avec lequel le ballon est bientôt rempli. Lorsqu'il ne s'en dégage plus, on ajoute dans le vase assez de ClH pour qu'après la décomposition du minerai, il y ait dans le liquide un excès de cet acide. On maintient alors le bain d'eau chaud pendant ¹/₂ heure, temps nécessaire pour que la plus grande partie du minerai se décompose; on verse alors par le tube à entonnoir ¹/₄ litre d'eau distillée, que l'on avait au préalable maintenue en ébullition pendant ¹/₄ d'heure. Le bain d'eau est ensuite enlevé vivement et remplacé par une lampe à alcool de manière à amener l'eau du ballon à l'ébullition; on y plonge alors une lame mince en cuivre pesée et on ferme ensuite le ballon, comme dans la première opération.

Comme l'oxygène de l'air ne pouvait s'introduire dans le vase, l'oxydule de fer contenu dans le minerai n'a pas pu s'oxyder davantage et la perte de poids de la lame de cuivre est moindre, puisqu'elle ne correspond qu'à l'oxyde de fer présent.

Ces deux opérations servent à déterminer combien le minerai partiellement réduit a perdu d'oxygène, par la méthode de calcul suivante:

Soient 1,345 gr. la quantité de minerai à essayer pour déterminer la quantité totale de fer contenu

0,171 la perte de poids de la lame de cuivre qui correspond à

0,15151626 de fer $= 11,272$ pour ⁰/₀ dans le minerai.

Soient 1,501 gr. la quantité de minerai à essayer pour connaître la quantité de fer qui y est renfermée à l'état d'oxyde

0,156 perte de poids de la lame de cuivre qui correspond à

0,13822536 de fer ou 9,209 pour %/o du minerai.

Nous avons :

contenance totale de fer 11,272

en oxyde . $\quad\underline{9{,}209 = Fe^2\ O^3 = 13{,}1498}$

$\quad\quad\quad\quad\quad 2{,}063 = Fe\ O = 2{,}6515$

le minerai contient donc . . . . 15,8013 pour %/o oxyde de fer qui renferme 15,8013 — 11,272 = 4,5293 oxygène = 28,6641 pour %/o et quand le minerai brut ne contient que $Fe^2\ O^3$, la quantité d'oxygène enlevée par la réduction sur 100 d'oxyde = 30 — 28,6641 = 1,3359.

Si le minerai, traité par l'acide chlorhydrique, donne un dégagement visible d'hydrogène, cela démontre qu'une partie de l'oxyde du minerai est déjà réduite à l'état de fer, alors on fait suivre à l'analyse la marche suivante:

On choisit 5 grammes de morceaux de minerai, on les pulvérise grossièrement et on les met dans un matras a, figure 18, d'une capacité de 60 centimètres cubes, qu'on ferme soigneusement par un bouchon de liège percé de deux ouvertures. Par l'une, passe un tube terminé par un entonnoir, legèrement courbé à l'autre extrémité, par l'autre un tuyau plié à angle droit. On relie ce dernier par un tube en cautchouc à l'appareil c rempli d'hydrate de potasse en morceaux relié lui-même à un tube de combustion $b\,b$ rempli d'oxyde de cuivre qui reçoit par son autre extrémité un appareil à chlorure de calcium d, dont on en note exactement le poids avant l'opération. On ajoute alors graduellement par le tube à entonnoir, de l'acide chlorhydrique délayé avec la $1/2$ de son volume d'eau. Le fer métallique se dissout en dégageant de l'hydrogène qui, passant dans l'appareil à hydrate de potasse, se dégagera de l'acide chlorhydrique et de la vapeur d'eau qu'il entraine, et l'hydrogène pur arrivant dans le tube à combustion, forme de l'eau qui est absorbée par le chlorure de calcium.

Cette opération dure parfois assez longtemps, surtout quand il se trouve dans le minerai beaucoup de fer métallique; on la maintient et on la termine en plaçant au-dessous du ballon une petite lampe à alcool à flamme très petite, de manière que vers la fin son contenu arrive à l'ébullition. On relie enfin l'appareil à chlorure de calcium avec un aspirateur, et après avoir rempli le ballon où se fait l'ébullition presque entièrement d'eau, on aspire lentement de l'air dans l'appareil, de manière que chaque bulle pénètre par la pointe du tube à entonnoir.

Par ce moyen tout l'hydrogène encore contenu dans le tube à hydrate de potasse pénètre à l'état d'eau dans le tube à chlorure de calcium. L'augmentation de poids de ce tuyau n'indique que la quantité de fer métallique contenu dans le minerai employé : 9 équivalents d'eau, correspondant à 28 de fer.

La contenance du petit ballon à ébullition sera lavée avec soin dans un ballon de $1/4$ de litre; on portera alors la dissolution à l'ébullition et on l'oxydera par des morceaux de chlorure de calcium, comme il a été indiqué précédemment.

La dissolution, complètement oxydée, sera lavée dans une bouteille de $1/2$ litre, jaugée avec soin; elle sera remplie jusqu'à la marque indiquant cette contenance

et on en prendra 100 centimètres cubes pour en déduire la quantité totale de
fer contenue avec une lame de cuivre, comme il a été indiqué plus haut.

J'ai trouvé, contrairement à ce que prétend Schérer que l'oxyde des minerais
de fer se réduit d'abord en oxydule avant de former du fer métallique, que bien
souvent il existe encore de l'oxyde à côté de ce dernier, ce qui est visible parce
que le liquide devient jaune; cette coloration disparaît immédiatement après
parce que l'hydrogène formé primitivement réduit le chloride de fer en chlorure.
Comme il s'agit seulement de savoir combien on peut enlever d'oxygène par la
réduction, on peut en faire exactement le calcul, ainsi qu'il suit:

Si nous avions trouvé, par exemple, pour la détermination du fer métallique
0,288 gr. eau correspondant à 0,896 gr. fer métallique et que le minerai de fer
soumis à l'analyse pesât 5,231 gr. $=$ 17,1287 pour %, que 0,288 gr. soit le poids
perdu par la lame de cuivre, ce que fait sur le total du minerai 5 $\times$ 0,288 $=$ 2,040 gr.
cuivre $=$ 1,8075624 gr. fer $=$ 34,5548 pour % du minerai soumis à l'analyse.

Nous avons par conséquent:

$$
\begin{array}{ll}
\text{Quantité totale de fer} & 14,5548 \\
\text{moins le fer métallique} & \underline{17,1287} = Fe \quad 17,1287 \\
& 17,4261 = Fe\,O \quad \underline{22,3974} \\
& \hphantom{17,4261 = Fe\,O \quad} 39,5261
\end{array}
$$

contenant 39,5261 -- 34,5548 $=$ 4,9713 oxygène $=$ 12,5773 pour % d'oxyde qui se
trouvent dans le minerai.

Dans le cas, où par des expériences récentes, le minerai aurait été déjà
réduit au point que sa contenance en oxygène combiné au fer, n'aurait plus été
que de 23,2111 pour %, la quantité d'oxygène enlevée par cette dernière opération, serait 23,2111 --- 12,5773 $=$ 10,6388.

Ces chiffres, que nous obtenons comme résultat final de l'analyse, disent,
par conséquent : de 100 atomes d'oxyde contenus dans le minerai traité, on a
enlevé tant d'atomes d'oxygène, et comme le minerai occupe toujours le même
volume dans l'appareil, ces chiffres se rapportent aux volumes de ce minerai.

Si nous voulons savoir qu'elle est l'influence des gaz réducteurs sur des
poids égaux de minerai, nous multiplierons ces chiffres par 100 et nous diviserons le produit obtenu par le poids de 110 centimètres cubes de minerai, résultat
qui indique combien d'oxygène a été éliminé de l'oxyde de fer contenu dans
100 grammes de minerai. Pour avoir un aperçu plus clair du degré de la réduction, il nous reste encore à calculer combien il existe d'oxygène dans 100
d'oxyde de fer. Ce calcul est simple : il consiste à diviser le chiffre donné par
les analyses par la dose d'oxygène contenue dans 100 parties d'oxyde; ainsi
l'hématite rouge contient 30 d'oxygène pour % d'oxyde et le minerai spathique
en renferme 22,222. C'est de cette manière que les 3 colonnes de la table suivante, intitulées oxygène éliminé, ont été calculées.

Dans le premier tableau, nous indiquons la composition des minerais qui
ont servi aux essais de réduction.

Dans la colonne „N⁰ des minerais“ nous désignons par des chiffres romains
le N⁰ du minerai, le mot „brut“ indique le minerai à l'état naturel et les chiffres
arabes désignent l'essaie de la série d'expériences, dans lequel le minerai a déjà
subi une réduction partielle. L'appellation „Gaz passé“ donne le nombre de litres
qui, par heure, ont traversé l'appareil.

CO pour % dans le gaz, indique la quantité de CO en centièmes. —
La cloche à gaz a une contenance réelle de 114,5 litres; mais comme la tempé-

rature de cette cloche située près du fourneau, est en moyenne de 28⁰, et renferme de la vapeur d'eau, le gaz sec à 0 soit 0,76 de pression de mercure est de 100 litres.

Cent litres d'air représentent 79,04 azote et 20,96 oxygène. Ce dernier donne 41,96 oxyde de carbone, de manière que le gaz produit est composé comme suit:

$$41,92 \ CO \ = \ 34,656$$
$$79,04 \ Az \ = \ 65,344$$
$$\overline{120,96 \text{ litres,}} \quad \overline{100,000 \text{ litres.}}$$

Plus tard, j'ai mis dans la cloche 35 litres CO pur et j'ai rempli le surplus par de l'air ordinaire, par conséquent, la composition était:

$$
\left.
\begin{array}{l}
35,00 \text{ litres} \\
41,92 \quad -
\end{array}
\right\} \ 79,62 \text{ litres oxyde de carbone} = 49,32
$$
$$
\begin{array}{l}
79,04 \quad - \qquad \underline{79,04} \quad - \quad \text{oxygène} \ldots = \underline{50,68} \\
\qquad\qquad \overline{155,96} \qquad\qquad\qquad\qquad\qquad \overline{100,00}
\end{array}
$$

J'ai encore ajouté une colonne qui indique combien de centièmes d'oxygène ont été éliminés par heure.

La température dans le tube de réduction était déterminée tous les ¼ d'heure en prenant la moyenne après 3 heures. J'ai dû opérer de la sorte pour rendre la chose plus claire, car ce mode de procéder n'est nullement rationnel : en effet, les premiers chiffres accusés par la série des observations peuvent être très bas et les autres très hauts, et la moyenne indique qu'ils ont été tout le temps à une température régulière.

Chapitre XX.

Expériences réductométriques.

Ces observations laissent malheureusement encore beaucoup à désirer quoiqu'elles aient demandé beaucoup de temps et de travail. La difficulté gît principalement en ce que le minerai traité n'a pas été réduit d'une manière uniforme, et aussi en ce que les températures des essais ont été successivement en croissant, parce qu'il m'a été impossible de maintenir pendant plusieurs heures la même température.

La mesure de la réduction doit déterminer
    a) l'influence de la température,
    b) de la quantité de gaz qui passe dans l'unité de temps,
    c) de la contenance de ce gaz en oxyde de carbone,
    d) du temps,
    e) de la qualité des minerais, et
    f) la carburation du fer.

Dans un des premiers tableaux suivants, nous donnons la composition chimique des minerais que nous avons traités, dans celui qui vient après, les essais par ordre chronologique. Ils sont suivis des expériences sur chacun des minerais en particulier, avec l'indication des températures extrèmes qui ont eu lieu à chacun d'eux, où la température initiale est la plus faible, et la finale la plus forte.

Composition des minerais traités.

Désignation des minerais.

	I.	II.	III.	IV.	V.	VI.
Oxyde de fer	58,275	51,799	30,797	46,170	35,46	0,000
Oxydule de fer	—	4,492	3,023	—	—	52,086
Oxyde de Manganèse	—	0,000	—	7,116	0,84	3,919
Silicium	21,864	10,771	21,308	22,907	49,36	0,650
Argile	12,973	11,168	18,388	9,563	9,43	1,437
Carbonate de chaux	0,666	6,537	4,243	1,393	1,10	0,602
Magnésie	0,430	1,273	—	1,035	0,17	4,651
Soude	—	⎱ 1,421	4,496	0,220	⎱ 0,47	0,177
Potasse	—	⎰	—	0,187	⎰	—
Acide sulphurique	—	0,377	0,285	—	—	—
Acide phosphorique	2,110	2,124	0,930	0,688	0,06	—
Acide carbonique	—	5,737	5,077	0,000	—	32,490
Eau	3,682	4,301	11,013	10,721	3,11	4,038
Perte	—	—	0,445	—	—	—
	100,000	100,000	100,000	100,000	100,00	100,000
Oxygène dans les oxydes de fer et de manganèse (par 100 d'oxyde)	30,000	29,38	29,29	30,05	30,01	22,244

	VII.	VIII.	IX.	X.	XI.	XII.
Oxyde de fer	60,493	77,360	—	44,44	100	80
Oxydule de fer	—	—	35,026	—	—	—
Oxyde de Manganèse	—	—	—	—	—	—
Silicium	21,902	8,081	3,161	—	—	20
Argile	8,182	2,841	2,001	—	—	—
Carbonate de chaux	1,070	0,569	45,390	44,44	—	—
Magnésie	1,742	0,585	0,261	—	—	—
Soude	0,647	⎱ 0,331	carbone	carbone	—	—
Potasse	0,307	⎰	10,631	11,12	—	—
Acide sulphurique	—	—	⎱ acide arsénique ⎰	—	—	—
Acide phosphorique	3,153	—	0,200	—	—	—
Acide carbonique	—	—	3,330	—	—	—
Eau	2,504	10,233	—	—	—	—
	100,000	100,000	100,000	100,000	100	100
Oxygène dans les oxydes de fer et de manganèse (par 100 d'oxyde)	30,00	30,00	22,222	30,000	30,00	30,00

№ Série d'essai.	Numéro de minerai.	Gaz passé. Litres.	P. c. % dans le gaz. CO	Durée de l'expérience. heures.	minutes.	Oxygène contenu. Pour cent dans les oxydes présents.	Grammes d'oxygène par 100 Gr. de minerai.	de 100 oxygène pour cent.	100 d'oxygène pour cent par heure.	Température moyenne.
1.	I brut	26,6	34,65	3	45	4,367	1,606	14,557	3,88	609
2.	II brut	26,6	34,65	3	45	2,921	1,529	9,631	2,57	609
3.	III brut	26,6	34,65	3	45	3,699	1,349	12,330	3,29	609
4.	I réd. 1	32	34,65	6	15	0,639	0,235	2,130	0,34	633
5.	III réd. 2	32	34,65	6	15	2,660	1,393	9,082	1,45	632
6.	VII réd. 3	32	34,65	6	15	3,341	1,219	11,137	1,78	632
7.	I réd. 4	33	34,65	9	—	7,1575	2,631	23,858	2,65	750
8.	III réd. 5	33	34,65	9	—	5,3024	2,776	18,103	2,01	750
9.	VII réd. 6	33	34,65	9	—	9,6355	3,517	32,118	3,56	750
10.	I brut	39	34,65	7	30	7,260	2,669	24,200	4,68	749
11.	III brut	39	34,65	7	30	6,322	3,310	21,584	4,18	749
12.	VI brut	39	34,65	7	30	0,1826	0,096	0,8209	0,16	749
13.	II brut	36	34,65	5	28	1,7547	0,844	5,972	1,09	622
14.	IV brut	36	34,65	5	28	2,8535	1,502	9,496	1,74	622
15.	V brut	36	34,65	5	28	0,363	0,220	1,209	0,22	622
16.	II réd. 13	38	34,65	7	55	12,0428	5,789	40,989	5,18	800
17.	IV réd. 14	38	34,65	7	55	10,7122	5,638	35,648	4,50	800
18.	V réd. 15	38	34,65	7	55	12,792	7,753	42,626	5,38	800
19.	VIII brut	25	34,65	8	—	9,102	3,216	30,340	3,79	786
20.	XI brut	25	34,65	8	—	7,7248	7,7248	25,749	3,22	786
21.	VIII brut	25	34,65	4	—	1,9385	0,685	6,462	1,60	421
22.	VIII réd. 21	25	34,65	6	—	4,5881	1,617	15,294	2,55	584
23.	VIII réd. 22	25	34,65	8	—	6,4934	2,294	21,645	2,70	842
24.	VIII réd. 23	25	34,65	4	—	5,3422	1,888	17,807	4,45	884
25.	X brut	25	34,65	4	—	12,3620	12,3620	41,207	10,30	884
26.	VIII brut	25	34,65	9	—	12,8421	4,538	42,807	4,75	830
27.	VIII brut	46,6	34,65	9	—	15,1704	5,361	50,568	5,62	759
28.	VIII réd. 27	50	34,65	4	—	3,1511	1,113	10,504	2,62	000
29.	VIII brut	33,33	34,65	9	—	12,0156	4,246	40,052	4,45	666
30.	VIII réd. 29	33,33	34,65	9	—	9,6289	3,402	32,096	3,56	868
31.	VII brut	33,33	34,65	9	—	15,6593	5,715	52,198	5,80	648
32. bis	II brut	33,33	34,65	4	30	4,7958	2,306	16,323	3,62	513
32.	II réd. 32	33,33	34,65	9	—	5,84999	2,812	19,911	2,21	742
33.	XI brut	33,33	34,65	6	—	7,7388	7,7388	25,796	4,30	561
34.	XI réd. 33	33,33	34,65	9	—	12,362	12,362	41,207	4,58	745
35.	X brut	33,33	34,65	9	—	18,1166	9,0583	60,388	6,71	591
36.	III brut	33,33	34,65	9	—	10,5204	5,508	35,918	4,00	591
37.	III réd. 36	33,33	34,65	9	—	0,693	0,363	2,366	0,26	772
38.	III réd. 37	33,33	34,65	4	—	9,2071	4,820	31,434	7,86	866
39.	IV brut	33,33	34,65	9	—	7,431	3,911	24,729	2,75	623
40.	IV réd. 39	33,33	34,65	6	—	14,5612	7,664	48,456	8,07	802
41.	V brut	33,33	34,65	9	—	6,8508	4,152	22,828	2,53	605
42.	V réd. 41	33,33	34,65	6	—	9,0170	5,461	30,465	5,08	782
43.	IV réd. 39	33,33	34,65	9	—	5,3038	2,734	17,650	1,96	736
44.	VI brut	33,33	34,65	6	—	15,7514	8,119	70,812	11,80	735
45.	VI brut	33,33	34,65	4	—	22,244	11,455	100,000	25,00	862
46.	XI brut	33,33	34,65	9	—	0	0	0	0	404
47.	XII brut	33,33	34,65	9	—	6,5244	10,874	21,748	2,41	535
48.	XI réd. 46	33,33	34,65	9	—	7,7879	7,7879	25,960	2,88	535
49.	XII réd. 47	33,33	34,65	9	—	2,4122	4,020	8,047	0,89	781
50.	XI réd. 48	33,33	34,65	9	—	6,8240	6,8240	22,743	2,53	781
51.	XII réd. 49	33,33	34,65	9	—	1,490	2,483	4,967	0,55	781

Série d'essai. №	Numéro de minerai.	Gaz passé. Litres.	P. c. % dans le gaz. CO	Durée de l'expérience. heures.	minutes.	Oxygène contenu. Pour cent dans les oxydes présents.	Grammes d'oxygène par 100 Gr. de minerai.	de 1000 oxygène pour cent.	100 d'oxygène pour cent par heure.	Température moyenne.
52.	II brut	33,33	34,65	9	—	6,3173	3,066	21,502	2,39	542
53.	II réd. 52	33,33	34,65	9	—	18,6683	8,975	63,541	7,06	794
54.	XI brut	33,33	57,0	6	—	11,8904	11,8904	39,634	6,60	629
55.	XI réd. 54	33,33	61,0	6	—	2,0003	2,0003	6,667	1,11	787
56.	XI brut	33,38	100	3	—	9,3810	9,3810	31,270	10,42	755
57.	VIII brut	33,33	49,32	6	—	4,3729	1,545	14,576	2,13	785
58.	VIII réd. 57	33,33	49,32	6	—	17,2214	6,085	44,071	7,84	896
60.	VIII brut	33,33	49,32	6	—	6,390	2,258	21,300	3,55	791
61.	VIII brut	33,33	49,32	6	—	5,9018	2,085	19,673	3,28	679
62.	VIII réd. 61	33,33	49,32	3	—	20,0749	7,058	66,916	22,30	898
63.	VIII réd. 60	33,33	49,32	3	—	18,5398	6,551	61,799	20,59	982
64.	VIII brut	33,33	49,32	6	—	5,964	2,107	19,880	3,31	546
65. bis	VIII brut	33,33	49,32	3	—	7,7171	2,727	25,724	8,57	663
65.	VIII réd. 65	33,33	49,32	3	—	8,3975	2,967	27,992	9,33	875
66.	VIII réd. 64	33,33	49,32	3	—	12,2667	4,335	40,881	13,63	817
67.	X brut	33,33	49,32	6	—	26,2161	52,432	87,387	14,57	676
68.	XI brut	33,33	49,32	6	—	10,7865	10,7825	35,942	5,99	736
69.	XI réd. 68	33,33	49,32	3	—	3,7087	3,7087	12,362	4,12	907
70.	VII brut	33,33	49,32	6	—	7,8498	2,774	26,166	4,36	765
71.	VI brut	33,33	49,32	9	—	0	0	0	0	761

Minerai No. 1. hématite de Nassau.

Poids spécifique = 4,288.

Série d'essai. №	Durée de l'expérience. Heures.	Minutes.	Gaz par heure. Litres.	Contenance du gaz pour cent en CO.	Températures en Degrés.	Oxygène contenu. En tout pour cent.	par heure pour cent.
1.	3	45	26,6	34,65	609	14,557	3,88
4.	6	15	32	34,65	597 et 667	2,130	0,34
7.	9	—	33	34,65	730 - 771	23,858	2,65
	19	—				40,545	2,13
10.	7	30	39	34,65	707 et 793	24,200	4,68

Minerai No. II. Minerai brun d'Hayange.

Poids spécifique $= 3{,}9589$.

Série d'essais. №	Durée de l'expérience.		Gaz par heure.	Contenance du gaz pour cent en CO.	Températures en Degrés.	Oxygène contenu.	
	Heures.	Minutes.	Litres.			En tout pour cent.	par heure pour cent.
13.	5	28	36	34,65	614 et 630	5,972	1,09
16.	7	55	38	34,65	785 - 819	40,989	5,18
	13	23				46,961	3,51
32 bis 32.	4	30	33,33	34,65	571 et 456	16,323	3,62
	9	- -	33,33	34,65	608 - 827	19,911	2,21
	13	30				36,234	2,68
52.	9	- -	33,33	34,65	530 et 549	21,502	2,39
53.	9	—	33,33	34,65	723 - 877	63,541	7,06
	18	—				85,043	4,72

Minerai No. III. Minerai d'alluvion de Neubourg.

Poids spécifique $= 3{,}6550$.

Série d'essais. №	Durée de l'expérience.		Gaz par heure.	Contenance du gaz pour cent en CO.	Températures en Degrés.	Oxygène contenu.	
	Heures.	Minutes.	Litres.			En tout pour cent.	par heure pour cent.
2.	3	45	26,6	34,65	609	9,631	2,57
5.	6	15	32	34,65	597 et 667	9,082	1,45
8.	9	—	33	34,65	730 - 771	18,103	2,01
	19	--				36,816	1,99
11.	7	30	39	34,65	707 et 793	21,584	4,18
36.	9	-	33,33	34,65	454 et 685	35,918	4,00
37.	9	—	33,33	34,65	698 - 842	2,366	0,26
38.	4	—	33,33	34,65	865 - 867	31,434	7,86
	22	—				69,718	6,17

Minerai No. IV. Minerai brun de Nassau.

Poids spécifique $= 3{,}6409$.

Série d'essais. №	Durée de l'expérience.		Gaz par heure.	Contenance du gaz pour cent en CO.	Températures en Degrés.	Oxygène contenu.	
	Heures.	Minutes.	Litres.			En tout pour cent.	par heure pour cent.
14.	5	28	36	34,65	614 et 630	9,496	1,74
17.	7	55	38	34,65	785 - 819	35,648	4,50
	13	23				45,144	3,37
39.	9	. .	33,33	34,65	513 et 737	24,729	2,75
40.	6	—	33,33	34,65	729 - 874	48,456	8,07
43.	9	.	33,33	34,65	701 - 792	17,650	1,69
	24	—				90,835	3,75

Minerai No. V. Minerai d'alluvion de Morschweiler.

Poids spécifique $= 3{,}1570$.

Série d'essais. №	Durée de l'expérience.		Gaz par heure.	Contenance du gaz pour cent en CO.	Températures en Degrés.	Oxygène contenu.	
	Heures.	Minutes.	Litres.			En tout pour cent.	par heure pour cent.
15.	5	28	36	34,65	614 et 630	1,209	0,22
18.	7	55	38	34,65	785 - 819	42,626	5,38
	13	23				43,835	3,27
41.	9	.	33,33	34,65	497 et 701	22,828	2,53
42.	6	—	33,33	34,65	692 - 871	30,465	5,08
	15	—				53,293	3,55

Minerai No. VI. Minerai spathique de Siegen.

Poids spécifique $= 3,7159.$

Série d'essais. $\mathcal{N}$	Durée de l'expérience.		Gaz par heure.	Contenance du gaz pour cent en CO.	Températures en Degrés.	Oxygène contenu.	
	Heures.	Minutes.	Litres.			En tout pour cent.	par heure pour cent.
12.	7	30	39	34,65	707 et 793	0,8209	0,16
44.	6	—	33,33	34,65	640 - 829	70,812	11,80
45.	4	- -	33,33	34,65	840 - 882	100	25
71.	9	—	33,33	34,65	729 - 792	0	0

Minerai No. VII. Minerai oolithique de Namur.

Poids spécifique $= 5,2316.$

Série d'essais. $\mathcal{N}$	Durée de l'expérience.		Gaz par heure.	Contenance du gaz pour cent en CO.	Températures en Degrés.	Oxygène contenu.	
	Heures.	Minutes.	Litres.			En tout pour cent.	par heure pour cent.
3.	3	45	26,6	34,65	609	12,380	3,29
6.	6	15	,32	34,65	597 et 667	11,137	1,78
9.	9	—	33	34,65	730 - 771	32,118	3,56
	19					55,585	2,93
31.	9		33,33	34,65	461 et 830	52,198	5,80
70.	6	—	33,33	49,32	580, 829, 885	26,166	4,36

Minerai No. VIII. Hématite rouge de Dillenbourg.

Poids spécifique = 5,4072.

Série d'essais. №	Durée de l'expérience.		Gaz par heure.	Contenance du gaz pour cent en CO.	Températures en Degrés.	Oxygène contenu.	
	Heures.	Minutes.	Litres.			En tout pour cent.	par heure pour cent.
19.	8	—	25	34,65	654 et 809	30,340	3,79
21.	4	—	25	34,65	421	6,462	1,60
22.	6	—	25	34,65	546 et 621	15,294	2,55
23.	8	—	25	34,65	823 - 861	21,645	2,70
24.	4	—	25	34,65	884	17,807	4,45
	22	—				61,208	2,78
26.	9	—	25	34,65	720 et 897	42,807	4,75
27.	9	—	46,6	34,65	499 et 819	50,568	5,62
28.	4	—	50	34,65	883 - 910	10,504	2,62
	13	—				60,072	4,62
29.	9	.	33,33	34,65	472 et 825	40,052	4,45
30.	9	—	33,33	34,65	842 - 897	32,096	3,56
	18	—				72,148	4,01
57.	6	.	33,33	49,32	554 et 562	14,576	2,43
58.	6	—	33,33	49,32	791 - 799	44,071	7,34
	12	-				58,647	4,88
60.	6	15	33,33	49,32	753 et 828	21,300	3,55
63.	3		33,33	49,32	928 - 1041	61,799	20,59
	9	15				83,099	9,68

Minerai No. VIII. Suite.

Série d'essais. №	Durée de l'expérience.		Gaz par heure.	Contenance du gaz pour cent en CO.	Températures en Degrés.	Oxygène contenu.	
	Heures.	Minutes.	Litres.			En tout pour cent.	par heure pour cent.
61.	6	—	33,33	49,32	571 et 787	19,673	3,28
62.	3	-	33,33	49,32	898	66,916	22,80
	9	--				86,589	9,62
64.	6	.	33,33	49,32	184 et 609	19,880	3,31
66.	3	- -	33,33	49,32	817	40,881	13,63
	9	- -				60,761	6,75
65 bis	3	--	33,33	49,32	663	25,724	8,57
65.	3	—	33,33	49,32	898 et 976	27,992	9,83
	6	—				53,716	8,95

Minerai No. X. Minerai artificiel.

100 Oxyde de fer
100 Carbonate de chaux
25 Carbone.

Série d'essais. №	Durée de l'expérience.		Gaz par heure.	Contenance du gaz pour cent en CO.	Températures en Degrés.	Oxygène contenu.	
	Heures.	Minutes.	Litres.			En tout pour cent.	par heure pour cent.
25.	4	—	25	34,65	884	41,207	10,80
35.	9	--	33,33	34,65	458 et 719	60,388	6,71
67.	6	—	33,33	49,32	583 - 792	87,387	14,57

Minerai No. XI. Minerai artificiel. Boules d'oxyde de fer pur.

N° Série d'essais.	Durée de l'expérience.		Gaz par heure.	Contenance du gaz pour cent en C/l.	Températures en Degrés.	Oxygène contenu.	
	Heures.	Minutes.	Litres.			En tout pour cent.	par heure pour cent.
20.	8	----	25	34,56	654 et 809	25,749	3,22
33.	6	—	33,33	34,56	503 et 619	25,796	4,30
34.	9	—	33,33	34,56	674 - 808	41,207	4,85
	15	—				67,003	4,46
46.	9	- -	33,33	34,56	417 et 398	0	0
48.	9	---	33,33	34,56	517 - 547	25,960	2,88
50.	9	—	33,33	34,56	780 - 786	22,743	2,53
	27	—				48,703	2,71
54.	6		33,33	57	569 et 687	39,634	6,60
55.	6		33,33	61	765 - 809	6,667	1,11
	12	- -				46,301	3,86
56.	3		33,33	100	755	31,270	10,42
68.	6		33,33	49,32	571 et 871	35,942	5,99
69.	3		33,33	49,32	907	12,362	4,12
	9	-				48,304	5,37

Minerai No. XII. Minerai artificiel.

Boules contenant { 20 acide silicique / 80 oxyde de fer pur.

№ Série-d'essais.	Durée de l'expérience.		Gaz par heure.	Contenance du gaz pour cent en CO.	Températures en Degrés.	Oxygène contenu.	
	Heures.	Minutes.	Litres.			En tout pour cent.	par heure pour cent.
51.	9	—	33,33	34,65	417 et 398	0	0
27.	9	—	33,33	34,65	517, 542 - 547	21,748	2,41
49.	9	.	33,33	34,65	781 - 780	8,047	0,89
	27	—				31,795	1,76

Chapitre XXI.

Résultats des expériences réductométriques.

a) Influence de la température.

On reconnait, en général, que cette réduction est activée par les hautes températures, ensuite que les derniers atomes d'oxygène sont beaucoup plus difficiles à enlever que les premiers.

La comparaison suivante fait ressortir très clairement cette observation.

Minerai N⁰ VIII.

Expérience N⁰.	Absorption par heure.	Températures.
21.	1,60	421 ⁰
22.	2,55	546 à 621 ⁰
23.	2,70	823 à 861 ⁰
24.	4,45	884 ⁰.

b) Quantité de gaz dans l'unité de temps.

A l'essai N⁰ 26 la quantité de gaz passée par heure était de 25 litres, la température de 720 à 897⁰ et la quantité de gaz absorbée pendant ce temps = 4,75 pour ⁰/o.

Par contre, à l'essai N⁰ 27, la quantité de gaz passée par heure était de 46,6 litres, la température de 499 à 819⁰ et l'absorption par heure = 5,62 p. ⁰/o.

Par conséquent, la température était beaucoup plus défavorable au N⁰ 27 et néanmoins, en raison d'une affluence de gaz plus grande, l'absorption a été considérablement augmentée.

c) *Contenance des gaz en oxyde de carbone.*

Si l'augmentation de la quantité des gaz favorise autant la réduction, à fortiori une teneur plus grande de ces gaz en oxyde de carbone produira cet effet dans une proportion bien plus grande, ainsi que cela a été confirmé par les expériences.

En additionnant les parties d'essai avec le minerai N⁰ VIII de 19 à 30, puis de 57 à 65, nous avons :

Heures.	Gaz par heure.	Contenance en CO.	Température en degrés.	Absorption.
			654	
8	25	34,65	809	30,340
			421	
22	25	34,65	884	61,208
			720	
9	25	34,65	897	42,807
			499	
13	48,3	34,65	819	60,072
			172	
18	33,3	34,65	897	72,148
70	156,6		7072	266,575
70	5		10	70
Moyenne 1	31,3		707,2.	3,808

Heures.	Gaz par heure.	Contenance en CO.	Température en degrés.	Absorption.
			554	
18	33,33	49,32	799	58,647
			753	
9¹/₄	33,33	49,32	1041	83,099
			571	
9	33,33	49,32	898	86,589
			484	
9	33,33	49,32	817	60,761
			663	
6	33,33	49,32	976	53,716
45	166,65		7556	342,812
45	5		10	45
Moyenne 1	33,33		755,6	7,618.

Par conséquent, la réduction par le gaz contenant 49,32 de CO a été par heure justement le double de celui contenant seulement 34,65 pour 0/0, pendant qu'au premier, la température était plus basse de 48⁰ et la quantité de gaz absolue plus petite de 2 pour 0/0.

Ces essais justifient l'hypothèse qu'avec une contenance de gaz de plus de 51 pour 0/0 en CO, comme nous pouvons le produire, ainsi que nous le démontrerons plus tard, la réduction peut être doublée dans l'unité de temps, ou ce qui revient au même, on peut produire en une heure ce qu'on produit ordinairement en deux.

d) *Influence du temps.*

Cette influence se fait sentir dans tous les essais; elle n'a d'ailleurs rien de neuf, mais elle n'en est pas moins importante parce qu'en définitive le succès technique du mode de marche actuel du haut-fourneau est basé en majeure partie sur le mesurage exact du temps pour la réduction du minerai.

e) *Qualité des minerais.*

Les minerais I, II et III, hématite rouge, minerai d'alluvion et oolithique contenant respectivement 58, 30,8 et 60,5 pour $^0/_0$ d'oxyde de fer, ont été exposés au courant de gaz dans les expériences de 1 à 9 pendant 3 heures $^3/_4$, puis 6 heures $^1/_4$, enfin 9 heures, à des températures variant de 609 à 771 ^{0} et l'absorption totale de l'oxygène a été pour 100 grammes de minerai 4,472, 5,698 et 6,085 pour $^0/_0$. Le poids spécifique de ces minerais était de 4,2, 3,6 et 5,2 : il en résulte que la contenance en fer et le poids spécifique n'ont pas de proportion déterminée avec la réduction et par suite qu'il faut déterminer par des essais particuliers la manière dont chacun des minerais se comporte.

Suivant les volumes, les coefficients de réduction de ces trois minerais sont : 40,5, 36,8 et 55,6, ce qui correspond aux rapports 1,10, 1,00 et 1,51 ; par conséquent, le minerai le plus riche et le plus dense donne dans tous les cas le coefficient le plus favorable, ce qui est important en ce que l'on voit que des minerais plus riches peuvent se réduire plus vite, si la diminution de temps a été compensée par des gaz plus riches.

f) *Carburation du fer.*

On connaît beaucoup de méthodes pour déterminer le carbone contenu dans la fonte brute; je les ai essayées toutes et me suis arrêté, pour les minerais à moitié réduits, à celle de Ullgren, comme la plus expéditive et celle où les inexactitudes sont les plus faciles à éviter si on a soin d'ajouter de l'acide chromique en quantité suffisante pour empêcher la formation de l'acide sulfureux.

La figure 19 représente l'appareil que nous avons employé dans ce but. *a* est la petite bouteille dans laquelle nous avons traité le minerai avec soin par le sulfate de cuivre et que nous avons arrosé ensuite avec de l'acide sulfurique. J'ai aspiré alors dans cette bouteille une solution très concentrée d'acide chromique par le tuyau *b* que j'ai fermé aussitôt. Le tuyau *c* est une grande pipette recourbée; l'appareil *d* a été rempli de pierre ponce imbibée d'acide sulfurique, le tuyau *e* de chlorure de calcium, *f* de chaux sodique et le tube témoin *g* d'hydrate de potasse. Quand, après une ébullition prolongée du contenu de *a*, toute réaction a cessé, on relie le tuyau *g* avec un aspirateur; le tuyau *b* sera ouvert et on y fera passer 5 litres d'air. L'excédant de poids obtenu dans les tuyaux *f* et *g* donne le poids d'acide carbonique qui s'est formé; on en déduira le *C* qui se trouve dans le minerai à analyser. Les résultats fournis par ces analyses ne sont pas bien d'accord, comme nous pouvons en juger par les tableaux de comparaison suivants:

Minerai N⁰   II essai N⁰ 53 donna pour 0/0 de fer réduit 0,2377 carbone,

-	- IV -	- 40 - - - - - - -	0,2325 -
-	- VI -	- 44 - - - - - - -	0,5499 -
-	- VIII -	- 23 - - - - - - -	0,4902 -
-	- - -	- 24 - - - - - -	0,2481 -
-	- - -	- 26 - - - - - - -	0,3295 -
-	- - -	- 27 - - - - - - -	0,2005 -
-	- - -	- 28 - - - - - - -	0,5395 -
-	- - -	- 30 - - - - - - -	0,8093 -
-	- - -	- 63 - - - - - - -	2,1957 -
-	- XI -	- 50 - - - - - - -	4,0549 -

Les contenances supérieures paraissent être causées par une réduction proportionnellement plus lente par suite d'une élévation de température trop peu rapide ce qui fait que le carbone s'est combiné au fer, au lieu de le réduire. Dans tous les cas, ces essais montrent que la carburation du fer commence aussitôt qu'il se forme du fer métallique et qu'il se combine d'autant plus de carbone au fer que le gaz est plus riche en carbone comme dans l'essai 63. Une haute température n'est pas nécessaire, comme le montre l'essai N⁰ 50 où une carburation déjà considérable avait lieu à 780⁰ sans que la moitié du fer présent eût été réduit.

Chapitre XXII.

Zones du haut-fourneau.

Scheerer a divisé très clairement le haut-fourneau en zones de combustion, de fusion, de carburation, de réduction et de préparation, en ce qu'il fixe comme limites de la température de ces diverses zones 2650 à 2000, 2000 à 1200, 1200 à 400 et 400 à la température d'évacuation.

Ces hypothèses sont plus ou moins arbitraires, car un point de départ certain manquait. J'ai cherché par la voie expérimentale une base quelconque pour trouver cette division et surtout pour déterminer aussi exactement que possible le volume de ces zones. Le but de mes études sur la surface de contact et sur l'influence de la température sur la réduction de CO^2 en CO a été surtout de déterminer plus exactement le volume de la zone de gazéfaction; cette détermination n'est cependant pas possible avec exactitude par les raisons déjà énumérées, mais une approximation est possible. Une distinction entre la zone de fusion et celle de carburation ne paraît pas justifiée d'après les expériences faites avec le réductomètre, la carburation commençant déjà à une basse température, même avec la réduction des premières molécules de fer métallique.

Je n'ai fait aucune recherche sur le point de fusion de la fonte, celles de Pouillet me paraissant mériter toute confiance. Mes recherches pyrométriques m'ont fait voir que les points de fusion déterminés auparavant pour les hautes températures étaient beaucoup trop élevés.

D'après Pouillet, le point de fusion de la fonte la moins fusible est de 1250⁰ et ce chiffre me paraît plutôt trop fort. Le point de fusion du laitier est naturellement variable suivant sa richesse en oxydule de fer; j'ai vu de ces combinaisons très riches se liquéfier entre 900 et 1000⁰, du verre difficile à fondre est devenu tellement mou à 769° que sous son propre poids il s'étirait en fils et était complètement fondu à 1059°. Ces expériences démontrent qu'il n'est pas juste de prendre les limites de la zone de fusion entre 2000 à 1200°. L'état pâteux de la masse (fer et laitier) se détermine à une température beaucoup plus basse.

Comme ensuite, la moitié du carbone se brûle d'abord pour former de l'acide carbonique qui forme par l'absorption de l'autre moitié de l'oxyde de carbone et que par suite de la déperdition de chaleur par les parois de l'ouvrage, la température n'est que de 1400 à 1500°, la limite de la zone de gazéfaction ne peut être prise plus haute, et cette température est bien suffisante pour opérer la fusion de la fonte et des laitiers, leur point de fusion étant au maximum 1250 à 1300°, parce que ceux-ci arrivent avec une température déjà très élevée ; néanmoins il faut que la température de la limite inférieure de la zone de fusion soit plus élevée que les points de fusion, parce qu'elle doit fournir aux matières à fondre de la chaleur latente, ce qui fait baisser subitement la température.

Cet abaissement a déjà été observé par Ebelmen au point où la castine ajoutée aux charges a perdu son acide carbonique, point où alors une certaine quantité de la chaleur de combinaison a été restituée.

J'ai aussi observé fréquemment dans mes essais de réduction, que si on mêle le minerai avec du marbre, il arrive un point où le pyromètre baisse considérablement, et ce n'est qu'après quelque temps qu'il reprend son mouvement ascendant.

Ce phénomène ne se montre que de 800 à 900°, température à laquelle l'acide carbonique se sépare de la chaux dans le marbre. Mes essais de réduction m'ont démontré en outre qu'en l'absence de la chaux le minerai commençait déjà à 800° à avoir des filets de silicate d'oxydule de fer devenus pâteux.

Cette formation de silicate est moins apparente lorsque l'on mêle au minerai de la chaux caustique qui disparaît en partie et pénètre les morceaux de minerai en les gonflant sans changer leur forme : les morceaux ainsi pénétrés deviennent poreux et faciles à réduire ce poudre.

Cet effet n'aura lieu que dans une proportion beaucoup plus petite dans le véritable haut-fourneau, les morceaux de minerai et de chaux étant là beaucoup plus grands que dans nos essais de réduction ; comme le temps pendant lequel ils agissent les uns sur les autres reste presque le même et que les morceaux de minerai sont moins réduits, surtout dans leur noyau intérieur, une partie de l'oxydule présent se combinera toujours avec le silicium avant que la chaux puisse y pénétrer, aussitôt que les charges ont atteint une température qui dépasse 800°.

Les analyses sur les gaz des hauts-fourneaux recueillis à des profondeurs différentes, montrent qu'ils ne contiennent que fort peu d'acide carbonique, quand cette profondeur est au-dessous de celle à laquelle la castine perd son acide carbonique, ce qui démontre que la réduction par l'oxyde de carbone n'a que fort peu d'importance au-dessous de la température de 800°, qu'elle n'est que l'achèvement de la réduction et ne peut porter que sur un fait plus ou moins accidentel.

Il suit de ces faits et observations que la température de la limite supérieure de la zone de fusion ne peut être admise plus élevée que 800°, de manière que la décomposition de la castine a lieu dans la zone de réduction.

Si l'on parvient à réduire le minerai avec du CO pur, à de basses températures, il n'en est pas de même avec les gaz du haut-fourneau, car les essais démontrent que cette réduction est très faible à 500⁰ et nulle à 400⁰, par suite, la limite supérieure de la zone de réduction ne peut être fixée plus bas que 500⁰.

La zone de fusion serait donc limitée : en bas par la température finale de la zone de gazéfaction, en haut par la température de 800⁰, la zone de réduction comprise entre 800⁰ et 500⁰, et la zone de préparation dans laquelle l'eau des charges est évaporée de 500⁰ à la température de l'évacuation.

Le volume de la zone de gazéfaction n'est pas déterminé par des températures, mais d'après le volume des morceaux de combustible qui correspondent à une surface de contact de 13 mètres carrés.

Chapitre XXIII

Volume de la zone de gazéfaction.

Nous nommons cette zone, zone de gazéfaction et non de combustion : la combustion proprement dite ne consistant qu'à produire de l'acide carbonique qui ensuite se transforme en oxyde de carbone. D'ailleurs, la zone de combustion proprement dite n'est pas séparée de celle dans laquelle l'oxyde de carbone se forme ; on ne peut déterminer cette dernière avec quelque probabilité, on sait seulement qu'elle est très petite.

Nous avons vu dans le chapitre IV que l'hypothèse qu'à la température qui règne dans l'ouvrage, la réduction de l'acide carbonique qui demande 1 m² de surface de contact pour sa formation, demanderait 12 m² de surface de contact, a la plus grande apparence pour elle ; mais la grandeur réelle ne peut se déterminer que par approximation.

Nous pouvons bien admettre que les morceaux de combustible contenus dans les charges ont en moyenne 6 centimètres de section transversale, mais lorsque les morceaux arrivent dans le creuset et que leur carbone forme de l'acide carbonique, ils n'ont plus que la moitié de cette grosseur. En supposant que ce sont des sphères, 1 m³ contiendra suivant le chapitre III, 37038 de ces boules et chacune d'elles a 0,0028274 m² de surface extérieure ou de contact ; par conséquent 1 m³ cube de boules = 104,72 m² de surface de contact.

Si par exemple, comme dans le haut-fourneau de Clairval (chapitre XXXV) on a envoyé 0,11356 m³ d'air par seconde, ce qui exige

$$1 \text{ m}^2 : 13 \text{ m}^2 = 0{,}11356 \text{ m}^3 : x = 1{,}4728 \text{ m}^2 \text{ surface de contact;}$$

le volume de cette zone sera par conséquant

$$104{,}72 \text{ m}^2 : 1 \text{ m}^3 = 1{,}47628 \text{ m}^2 : x = 0{,}0141 \text{ m}^3.$$

Mais l'ouvrage de ce haut-fourneau a en haut 0,62 m diamètre, en bas 0,44 et 0,44 hauteur, par conséquent sa section moyenne est de 0,2819 m² et la capacité = 0,124036 m³ : le volume de la zone de gazéfa tion occuperait par suite ¹/₉ de l'ouvrage. Ce résultat du calcul n'a pas grande apparence pour lui, mais cette improbabilité ne démontre pas que le calcul, fondé sur des expériences très soignées, soit inexact ; ni même que notre hypothèse sur la grosseur des morceaux de combustible soit erronée. Cette improbabilité apparente est basée sur ce qu'une partie de l'ouvrage n'est pas occupée par le combustible, la pression du vent le tenant en partie suspendu. Ce fait peut être observé de visû, mais la preuve la plus certaine qu'il en est ainsi, c'est le phénomène qui a lieu quand on intercepte brusquement l'introduction de l'air dans le haut-fourneau : les charges des matières dans le gueulard baissent immédiatement en raison des sections respectives du gueulard et de l'ouvrage. Dans le haut-fourneau au charbon de bois de Raschette qui est même dans la grande proportion de 15 à 4 = 1 à 0,26, le niveau du gueulard baisse de 0,30 à une pression de vent d'un peu plus de 0,04 de mercure. Il faut alors qu'il y ait eu un espace vide de charbon d'environ 1 mètre de hauteur. Ce phénomène dépend de circonstances diverses, comme pression de vent, densité du combustible, résistance mécanique à la descente de la colonne de fusion dépendant de la forme de l'ouvrage et de la cuve, de la grandeur des morceaux et de la constitution des charges; mais la circonstance que ce phénomène se produit régulièrement au fourneau de Raschette, prouve qu'il ne peut pas manquer de se produire dans tous les autres.

Nous ne pouvons guère calculer cet espace, mais nous pouvons sans nuire aux déterminations approximatives des volumes des autres zones, admettre que la zone de gazéfaction dans les hauts-fourneaux munis d'un ouvrage, occupe tout l'espace de cet ouvrage et pour ceux qui n'en ont pas, occupe $^1/_8$ de la hauteur du haut-fourneau, mesurée de la tuyère au gueulard.

Chapitre XXIV.

Calcul des températures dans la zone de gazéfaction.

Que nous brûlions dans un haut-fourneau dans l'unité de temps 0,1 k⁰, 1 k⁰, 10 kᵒˢ ou 100 kᵒˢ de carbone, la température T qui en résulte, sera toujours $\frac{W'}{w}$, si W' est la chaleur produite et w la chaleur spécifique des produits de la combustion. Le carbone brûlé avec l'air dans les proportions nécessaires pour faire l'acide carbonique, produit toujours une quantité de chaleur proportionnelle à son poids et formant les mêmes produits de combustion.

Les causes de ces énormes différences se trouvent:

1⁰ principalement dans la grande quantité de chaleur perdue par la transmission à l'air extérieur;

2⁰ dans un excédant d'air qui a passé dans les produits de la combustion, mais comme ce cas ne peut se présenter dans le haut-fourneau, nous n'avons pas à nous en occuper;

3⁰ dans le chauffage préparatoire du combustible, comme cela a lieu surtout dans le haut-fourneau;

4⁰ dans la pression plus ou moins grande sous laquelle se trouvent les produits de la combustion;

5⁰ dans le mélange de corps étrangers dans les produits de la combustion, comme cela a lieu dans le chauffage par l'air humide.

Nous avons déjà traité d'une manière générale les valeurs de ces facteurs dans les chapitres V, VI, VII et XV, nous n'avons plus qu'à montrer de quelle manière ils concourent au résultat final.

Si la transmission pouvait se calculer à priori, on pourrait prendre la formule générale, mais comme ce n'est pas le cas ici, il faut calculer la température initiale ou si on veut théorique, et rechercher ensuite quelle est la chaleur totale à transmettre et enfin à répartir sur les parties de parois qui correspondent aux températures trouvées.

Il ne nous reste plus que les 3 derniers facteurs à déterminer dans la formule qui donne la température initiale. Cette formule est:

$$T = \frac{(W\!o - W\!n)}{w\,n}\;\frac{1}{1 - \dfrac{s}{w\,n}}\left(1 + \frac{p}{B}\right).$$

$W\!o$ est la quantité de chaleur produite par le carbone en se transformant en CO^2. Comme l'air servant à la combustion contient toujours de l'humidité qui se transforme dans la zone de combustion en CO et en H, une partie du carbone est consommée par l'air et l'eau.

Admettons comme contenance moyenne de l'air 9 gr. pour mètre cube, 1 mètre cube contiendra

$$\left.\begin{array}{l} k^0\ 0{,}299326\ O \\ 0{,}98734\ \ Az \end{array}\right\} \text{provenant de l'air, et} \left\{\begin{array}{l} k^0\ 0{,}008\ O \\ 0{,}001\ H \end{array}\right\} \text{provenant de l'eau.}$$

Le carbone à brûler se consommera en CO^2 et CO dans la proportion $\dfrac{0{,}299326}{0{,}008}$ et si nous supposons le carbone $= 1$, il se produira

$$\begin{array}{l} 0{,}9493 \text{ en } CO^2, \\ \underline{0{,}0507 \text{ en } CO,} \\ 1{,}0000. \end{array}$$

$0{,}9493$ k^0 de carbone exigent pour former de l'acide carbonique $2{,}53146$ k^0 oxygène qui amènera avec lui dans les produits de combustion . . $\underline{\ 8{,}51894\ \text{k}^0\ \text{azote,}\ }$ $11{,}05040$ k^0 air,

qui correspondent à $\dfrac{11{,}0504}{1{,}29366} = 8{,}4650$ m^3 et contiennent $8{,}4650 \times 0{,}009 = 0{,}076185$ renfermant $0{,}067721$ C et $0{,}008464$ H.

Les $0{,}9493$ k^0 de carbone brûlé en CO^2 produisent par leur combustion $0{,}9493 \times 8000 = 7594$ calories; mais les $0{,}008464$ H qui deviennent libres, absorbent $0{,}008464 \times 34000 = 288$ lesquels sont à déduire du premier chiffre. Il reste donc 7306 calories.

Mais lorsque les produits de combustion se transforment plus loin en CO en absorbant une quantité de carbone égale à celle qu'ils contiennent, par conséquent $0{,}9493$ en absorbant 2400 calories par kilo de carbone, nous aurons $0{,}9493 \times 2400 = 2278$ calories qui seront absorbées et sont indiquées dans la formule par $W\!n$.

Les produits de combustion se transforment dès lors en

$$\left.\begin{array}{l} k^0\ 4{,}5848\ \ CO \\ 0{,}008464\ H \\ 8{,}51894\ \ Az \end{array}\right\} \begin{array}{l} \text{dont les chaleurs} \\ \text{spécifiques sont} \end{array} \left\{\begin{array}{l} 1{,}127550 \\ 0{,}028816 \\ 2{,}078600 \end{array}\right\} = 3{,}234966 = w\!n.$$

la température qui en résulte est $\dfrac{7306 - 2278}{3{,}234966} = 1554^0$ C, sans tenir compte du chauffage préparatoire, ni de la pression.

Pour calculer les derniers facteurs, nous avons suivant le chapitre X pour $T = 1550$, pour le coke $= 0{,}438943$, pour le charbon de bois $= 0{,}27918$, la pression barométrique $B = 0{,}76$ et manométrique $p = 0{,}06$. De là

$$\text{pour le coke} \quad T = \frac{(7306 - 2278)\,\dfrac{1}{1 - \dfrac{0{,}438043}{3{,}234966}}}{3{,}234966}\left(1 + \frac{0{,}06}{0{,}76}\right) = \frac{5028 \cdot 1{,}1566}{3{,}234966} \cdot 1{,}0789 = 1929^0\,C,$$

$$\text{pour le charbon de bois} \quad T = \frac{(7306 - 2278)\,\dfrac{1}{1 - \dfrac{0{,}27918}{3{,}234966}}}{3{,}234966}\left(1 + \frac{0{,}06}{0{,}76}\right) = \frac{5028 \cdot 1{,}0044}{3{,}234966} \cdot 1{,}0789 = 1835^0\,C.$$

Mais ces températures se réduisent encore, comme nous le verrons, par la transmission par les parois de l'ouvrage.

Chapitre XXV.

Calcul des volumes des zones de fusion, de réduction et de préparation.

Nous avons montré dans le chapitre XV, combien est grande la perte de chaleur par les parois des hauts-fourneaux; l'omission d'un facteur aussi puissant dans les calculs est la cause qui s'est opposée jusqu'ici à ce que l'on pût établir une statique de la chaleur dans le haut-fourneau et qui a produit de graves erreurs dans le calcul des températures.

Pour déterminer les véritables, il faut avant tout porter en déduction de la chaleur produite, la chaleur transmise; ce qui peut se faire de la manière approximative suivante.

Nous choisirons, à cet effet, comme exemple, un haut-fourneau au coke de Seraing, décrit par Ebelmen.

La capacité de cuve est de $113{,}806$ mètres^3, mesurée depuis le dessus de l'ouvrage. Les charges consistent en 650 k^0 de minerai, 650 k^0 laitiers d'affinerie, tous deux de même richesse, par suite 1300 k^0 de minerai, puis 450 k^0 castine et 800 k^0 coke.

Cet ensemble produit:

546 k^0 fonte brute prise comme unité $= 1$
754 k^0 matière à laitier. . . . . . $= 1{,}381$ $\Big\}= 2{,}381$ minerai,
450 k^0 castine $= 252\ CaO$ et $198\ CO^2 = 0{,}824 \ = 2{,}205$ matière à laitier,
24 k^0 eau dans le coke . . . . . $= 0{,}044,$
48 k^0 cendres. . . . . $= 1{,}465$ coke,
728 k^0 carbone. . . . . $= 1{,}333.$

En négligeant pour le moment la quantité d'eau contenue dans l'air introduit, la production de chaleur sera. . . . . $= \dfrac{1,333}{2} \cdot 8000 = 5333$ calories

d'où il faut déduire . . . . $\dfrac{1,333}{2} \cdot 2400 = 1600$ -

pour la transformation de CO^2 en CO. Il reste . . . . 3733 calories
auxquelles il faut ajouter celles données par le chauffage du
coke à 2000^0, soit . . . . 2000 . 1,465 . 0,331497 $=$ 971 -
de là, il monte de la zone de gazéfaction calories . . . . . . 4704.

Les produits de combustion et leur chaleur spécifique sont:

$$CO \quad k^0 \; 3,111 \times 0,2479 = 0,77123 \;\Big\}\; 2,19913$$
$$Az \quad k^0 \; 5,825 \times 0,244 = 1,42790 \;\Big\}$$

d'où la température à la limite de la zone de gazéfaction serait $\dfrac{4704}{2,19913} = 2139^0\ C.$

Cette température est considérablement abaissée par la transmission par les parois de l'ouvrage. Si on admet que la température moyenne soit de $2100^0\ C,$

celle de la zone de fusion sera . . . $\dfrac{2100 + 800}{2} = 1450^0$

celle de la zone de réduction . . . $\dfrac{800 + 500}{2} = 650^0$

et celle de la zone de préparation . . $\dfrac{500 + 100}{2} = 300^0$

Si on suppose ensuite que les épaisseurs des murs soient les mêmes et que chaque zone ait la même surface de parois et la même conductibilité, il résulte de la formule

$$t' = \dfrac{t - t''}{1 + Q\,\dfrac{e}{C}} + t'' \quad \text{(voir chapitre XXVI)}$$

les valeurs suivantes pour la transmission dans l'unité de temps
température de la surface extérieure des parois $t' = 183^0 \quad 145^0 \quad 87^0$ et $62^0,$
transmission correspondante . . . . 2320 1604 782 - 507.

Il a été absorbé dans le haut-fourneau sur la quantité de chaleur qui s'est produite par la combustion et le chauffage préparatoire du combustible:

k^0 1,465 coke pour la préparation . . . . 2000 . 1,465 . 0,331497 cal. 971,
- 2,381 minerai . . . . 1100 . 2,381 . 0,214795 - 562,
- 0,824 castine . . . . 800 . 0,824 . 0,664293 - 250,
- 1 fonte brute comme chaleur latente . 1 . 139 . . . . - 139,
- 2,205 laitier . . . . 2,205 . 60 . . . . - 132,
- 0,044 eau . . . . 0,044 . 636,67 . . . - 23,
- 0,461 chaux comme chaleur latente . . . 0,461 . 110 . . . . - 50,

cal. 2127;

mais comme les gaz ne sont pas sortis du fourneau à 0, mais bien à une température de 100^0, la perte de chaleur s'augmente de celle restée dans les gaz à cette température. La chaleur spécifique de ces gaz est:

k^0 3,111 oxyde de carbone . $\times$ 0,2497 $=$ 0,77123
- 5,852 azote . . . . . . $\times$ 0,2440 $=$ 1,42790
- 0,363 CO^2 de la chaux . . $\times$ 0,2164 $=$ 0,07855
- 0,044 eau . . . . $\times$ 0,475 $=$ 0,02090

2,29858 $\times$ 100 $=$ cal. 230,

En tout cal. 2357.

La chaleur perdue par la transmission est donc:
$$4704 - 2357 = 2347 \text{ cal.}$$
qui se répartissent sur les 4 zones du haut-fourneau proportionnellement aux valeurs trouvées plus haut comme suit:

$$5213 : 2320 = 2347 : x = \text{zone de gazéfaction} = 1044 \text{ cal.}$$
$$5213 : 1604 = 2347 : x = \quad \text{-} \quad \text{-} \quad \text{fusion} \quad . \quad = \quad 722 \quad \text{-}$$
$$5213 : 782 = 2317 : x = \quad \text{-} \quad \text{-} \quad \text{réduction} \quad = \quad 352 \quad \text{-}$$
$$5213 : 507 = 2347 : x = \quad \text{-} \quad \text{-} \quad \text{préparation} = \quad 229 \quad \text{-}$$

$\left. \right\} = 2347 \text{ cal.}$

La température finale de la zone de gazéfaction sera:
$$= \frac{4704 - 1044}{2,19913} = 1664^0 \, C.$$

Par conséquent, les limites de température de la zone de fusion sont 1664^0 et 800^0. L'absorption de chaleur dans cette zone sera:

par le chauffage préparatoire de

800 à $1664 = \text{k}^0 \, 1{,}465 \text{ coke} \times 864 \times 0{,}379927 = \text{cal. } 481$

800 à $1100 = \text{k}^0 \, 1 \quad \text{fonte} \times 300 \times 0{,}149691 = \quad \text{-} \quad 45$

800 à $1300 = \text{k}^0 \, 2{,}205 \text{ laitier} \times 500 \times 0{,}265393 = \quad \text{-} \quad 292$

$\left. \right\}$ 818 calories,

par transmission . . . . $= \quad \text{-} \quad 722$

par chaleur latente de la fonte à fondre $\text{k}^0 \, 1 . 139 = \quad \text{-} \quad 139$

par chaleur latente du laitier à fondre $\quad 2{,}205 . 60 = \quad \text{-} \quad 132$

$\left. \right\}$ 993 -

L'absorption de chaleur dans la zone de réduction est

par le chauffage préparatoire de

500 à $800 = \text{k}^0 \, 1{,}465 \text{ coke} \times 300 \times 0{,}263693 = \text{cal. } 116$

500 à $800 = \text{k}^0 \, 2{,}381 \text{ minerai} \times 300 \times 0{,}224300 = \quad \text{-} \quad 160$

500 à $800 = \text{k}^0 \, 0{,}824 \text{ castine} \times 300 \times 0{,}557654 = \quad \text{-} \quad 138$

$\left. \right\}$ 414 -

par la chaleur de combinaison de la chaux $\text{k}^0 \, 0{,}461 \times 110 = \quad \text{-} \quad 50$

par transmission . . . . $= \quad \text{-} \quad 352$

$\left. \right\}$ 402 -

L'absorption de chaleur dans la zone de réduction est

par le chauffage préparatoire de

0 à $500^0 = \text{k}^0 \, 1{,}456 \text{ coke} \times 500 \times 0{,}186197 = \text{cal. } 136$

0 à $500^0 = \text{k}^0 \, 2{,}381 \text{ minerai} \times 500 \times 0{,}185420 = \quad \text{-} \quad 221$

0 à $500^0 = \text{k}^0 \, 0{,}824 \text{ castine} \times 500 \times 0{,}273284 = \quad \text{-} \quad 112$

$\left. \right\}$ 469 -

par transmission . . . . $= \quad \text{-} \quad 229$

chaleur latente de $\text{k}^0 \, 0{,}044 \text{ eau} \times 536{,}67$ . . . $= \quad \text{-} \quad 23$

chaleur des gaz évacués comme plus haut . . . $= \quad \text{-} \quad 230$

$\left. \right\}$ 482 -

Comme nous avons vu par les observations d'Ebelmen, conformément à la nature de la chose, les absorptions de chaleur latente dans le haut-fourneau produisent des abaissements subits de température, et n'exigent pas d'espace dans le fourneau; il suit de là que les volumes de la cuve doivent être très approximativement proportionnelles aux quantités de chaleur nécessaire au chauffage préparatoire.

Mais comme le volume total de la cuve est $113{,}806$ et que la quantité de chaleur totale absorbée par le chauffage préparatoire $= 1701$ calories, il résulte de là que le volume des zones est le suivant:

zone de fusion $\quad 1701 : 818 = 113{,}806 : x = 54{,}7 \text{ m}^3$

zone de réduction $\quad 1701 : 414 = 113{,}806 : x = 27{,}7 \text{ m}^3$

zone de préparation $1701 : 469 = 113{,}806 : x = 31{,}4 \text{ m}^3$

$\left. \right\}$ 113,8 m³.

Non seulement, cette méthode de calcul nous permet d'obtenir des résultats très rapprochés de la vérité, mais elle nous donne aussi le moyen de déterminer les modifications que réclament les variations dans les charges, le changement de la quantité des minerais, de matière à laitier, du vent chaud etc., comme nous le démontrerons plus tard.

Chapitre XXVI.

Moyens de calculer la transmission des parois.

Dans la formule, mentionnée à plusieurs reprises,

$$t' = \frac{t - t''}{1 \times Q \cdot \frac{e}{C}} + t''$$

où
$$Q = \frac{S m a''' (a^t - 1) + L n t^b}{t},$$

cette valeur de Q a été indiquée dans les tableaux suivants pour des températures de surface de paroi de 10^0 à 500^0 avec leurs logarithmes. Comme il ne s'agit pour cette transmission que de chiffres proportionnels, on peut adopter $\frac{e}{C} = 1$.

La température t'' de l'air, a été supposée dans ce tableau de 20^0.

Si la température moyenne des parois était 500, nous aurions

$$t' = \frac{500 - 20}{1 \times Q} + 20 = \frac{480}{1 \times 8,4647} + 20 = 71^0,$$

et la quantité de chaleur transmise dans l'unité de temps par l'unité de surface est alors

$$Q\, t' = 71 \cdot 8,4647 = 601 \text{ calories.}$$

t'	Q	log Q	t'	Q	log Q	t'	Q	log Q
10	6,1533	0,78911	25	6,8866	0,83808	40	7,4348	0,87127
11	6,2140	0,79337	26	6,9178	0,83997	41	7,4695	0,87329
12	6,2716	0,79738	27	6,9573	0,84244	42	7,5041	0,87530
13	6,3273	0,80122	28	6,9960	0,84485	43	7,5384	0,87728
14	6,3803	0,80484	29	7,0348	0,84725	44	7,5727	0,87925
15	6,4321	0,80835	30	7,0728	0,84959	45	7,6129	0,88155
16	6,4817	0,81169	31	7,1105	0,85190	46	7,6466	0,88347
17	6,5297	0,81459	32	7,1478	0,85417	47	7,6803	0,88538
18	6,5766	0,81800	33	7,1847	0,85641	48	7,7151	0,88734
19	6,6221	0,82100	34	7,2214	0,85862	49	7,7475	0,88916
20	6,6667	0,82391	35	7,2565	0,86073	50	7,7800	0,89098
21	6,7106	0,82676	36	7,2934	0,86293	51	7,8039	0,89231
22	6,7533	0,82952	37	7,3290	0,86504	52	7,8462	0,89466
23	6,7955	0,83222	38	7,3634	0,86708	53	7,8679	0,89586
24	6,8367	0,83485	39	7,4000	0,86923	54	7,9075	0,89804

t'	Q	$\log Q$	t'	Q	$\log Q$	t'	Q	$\log Q$
55	7,9455	0,90012	105	9,5942	0,98201	155	11,458	1,05911
56	7,9642	0,90114	106	9,6284	0,98355	156	11,500	1,06070
57	8,0000	0,90309	107	9,6627	0,98510	157	11,541	1,06226
58	8,0343	0,90495	108	9,6982	0,98669	158	11,582	1,06380
59	8,0677	0,90675	109	9,7317	0,98819	159	11,623	1,06531
60	8,0999	0,90848	110	9,7674	0,98078	160	11,669	1,06702
61	8,1311	0,91015	111	9,8005	0,99125	161	11,708	1,06849
62	8,1794	0,91272	112	9,8342	0,99274	162	11,759	1,07088
63	8,2063	0,91415	113	9,8712	0,99437	163	11,791	1,07156
64	8,2344	0,91563	114	9,9065	0,99592	164	11,835	1,07318
65	8,2770	0,91787	115	9,9431	0,99752	165	11,879	1,07477
66	8,3031	0,91924	116	9,9784	0,99906	166	11,909	1,07580
67	8,3284	0,92056	117	10,014	1,00062	167	11,964	1,07788
68	8,3676	0,92260	118	10,050	1,00214	168	12,006	1,07939
69	8,3913	0,92383	119	10,085	1,00368	169	12,048	1,08090
70	8,4285	0,92575	120	10,130	1,00559	170	12,094	1,08257
71	8,4647	0,92761	121	10,157	1,00677	171	12,135	1,08408
72	8,5000	0,92942	121	10,197	1,00846	172	12,180	1,08565
73	8,5479	0,93186	123	10,228	1,00978	173	12,226	1,08727
74	8,5540	0,93217	124	10,266	1,01140	174	12,270	1,08885
75	8,5866	0,93382	125	10,304	1,01300	175	12,314	1,09040
76	8,6316	0,93609	126	10,341	1,01457	176	12,358	1,09105
77	8,6622	0,93763	127	10,378	1,01611	177	12,401	1,09346
78	8,6924	0,93914	128	10,414	1,01762	178	12,449	1,09515
79	8,7217	0,94060	129	10,450	1,01910	179	12,492	1,09662
80	8,7573	0,94237	130	10,485	1,02055	180	12,589	1,09826
81	8,7904	0,94401	131	10,526	1,02227	181	12,585	1,09987
82	8,8273	0,94583	132	10,561	1,02369	182	12,632	1,10147
83	8,8560	0,94724	133	10,594	1,02506	183	12,678	1,10304
84	8,8889	0,94885	134	10,634	1,02671	184	12,723	1,10458
85	8,9222	0,95047	135	10,674	1,02833	185	12,768	1,10611
86	8,9553	0,95208	136	10,713	1,02993	186	12,823	1,10798
87	8,9875	0,95364	137	10,752	1,03148	187	12,366	1,10945
-88	9,0207	0,95524	138	10,790	1,03301	188	12,910	1,11091
89	9,0546	0,95687	139	10,827	1,03452	189	12,958	1,11253
90	9,0876	0,95845	140	10,864	1,03600	190	13,005	1,11412
91	9,1212	0,96005	141	10,901	1,03745	191	13,052	1,11569
92	9,1555	0,96168	142	10,944	1,03917	192	13,104	1,11741
93	9,1878	0,96321	143	10,979	1,04057	193	13,150	1,11894
94	9,2213	0,96479	144	11,021	1,04221	194	13,201	1,12061
95	9,2544	0,96635	145	11,062	1,04383	195	13,246	1,12209
96	9,2886	0,96795	146	11,096	1,04516	196	13,817	1,12489
97	9,3218	0,96950	147	11,136	1,04674	197	13,345	1,12533
98	9,3553	0,97106	148	11,176	1,04827	198	13,394	1,12691
99	9,3894	0,97264	149	11,221	1,05005	199	13,447	1,12863
100	9,4637	0,97422	150	11,260	1,05153	200	13,495	1,13018
101	9,4574	0,97577	151	11,298	1,05301	201	13,545	1,13179
102	9,4914	0,97733	152	11,39^6	1,05444	202	13,596	1,13342
103	9,5258	0,97890	153	11,365	1,05586	203	13,647	1,13505
104	9,5614	0,98052	154	11,422	1,05774	204	17,701	1,13675

l'	Q	$\log Q$	l'	Q	$\log Q$	l'	Q	$\log Q$
205	13,749	1,13827	255	16,667	1,22185	305	20,470	1,31112
206	13,786	1,13944	256	16,731	1,22351	306	20,558	1,31298
207	13,852	1,14151	257	16,798	1,22525	307	20,645	1,31481
208	13,904	1,14314	258	16,868	1,22707	308	20,732	1,31665
209	13,956	1,14476	259	16,934	1,22877	309	20,821	1,31851
210	14,012	1,17653	260	17,000	1,23045	310	20,911	1,32037
211	14,069	1,14803	261	17,069	1,23221	311	21,001	1,32224
212	14,111	1,14963	262	17,137	1,23394	312	21,093	1,32418
213	14,179	1,15131	263	17,206	1,23567	313	21,184	1,32601
214	14,218	1,15282	264	17,277	1,23746	314	21,276	1,32788
215	14,275	1,15458	265	17,347	1,23923	315	21,377	1,32994
216	14,329	1,15621	266	17,414	1,24089	316	21,458	1,33158
217	14,383	1,15785	267	17,487	1,24271	317	21,544	1,33332
218	14,461	1,16019	268	17,560	1,24452	318	21,645	1,33535
219	14,495	1,16122	269	17,628	1,24621	319	21,739	1,33723
220	14,548	1,16280	270	17,701	1,24800	320	21,834	1,33913
221	14,606	1,16436	271	17,773	1,24973	321	21,928	1,34099
222	14,659	1,16610	272	17,845	1,25151	322	22,023	1,34287
223	14,715	1,16777	273	17,920	1,25334	323	22,121	1,34480
224	14,774	1,16950	274	17,990	1,25504	324	22,216	1,34666
225	14,828	1,17107	275	18,064	1,25680	325	22,313	1,34855
226	14,891	1,17292	276	18,138	1,25859	326	22,428	1,35079
227	14,929	1,17403	277	18,212	1,26036	327	22,509	1,35235
228	14,997	1,17599	278	18,288	1,26216	328	22,608	1,35426
229	15,056	1,17772	279	18,362	1,26392	329	22,708	1,35518
230	15,114	1,17939	280	18,438	1,26572	330	22,803	1,35800
231	15,173	1,18106	281	18,511	1,26743	331	22,907	1,35997
232	15,234	1,18280	282	18,590	1,26928	332	23,011	1,36193
233	15,290	1,18448	283	18,667	1,27108	333	23,113	1,36385
234	15,350	1,18609	284	18,744	1,27286	334	23,215	1,36576
235	15,409	1,18777	285	18,820	1,27463	335	23,316	1,36766
236	15,469	1,18945	286	18,915	1,27680	336	23,420	1,36958
237	15,529	1,19113	287	18,979	1,27828	337	23,525	1,37153
238	15,589	1,19282	288	19,058	1,28008	338	23,629	1,37345
239	15,650	1,19451	289	19,136	1,28186	339	23,735	1,37539
240	15,711	1,19620	290	19,218	1,28370	340	23,840	1,37730
241	15,772	1,19789	291	14,296	1,28547	341	23,948	1,37926
242	15,835	1,19962	292	19,378	1,28731	342	24,054	1,38118
243	15,896	1,20128	293	19,459	1,28912	343	24,163	1,38315
244	15,958	1,20299	294	19,542	1,29096	344	24,272	1,38510
245	16,020	1,20467	295	19,624	1,29278	345	24,380	1,38703
246	16,084	1,20639	296	19,706	1,29460	346	24,507	1,38929
247	16,147	1,20810	297	19,789	1,29643	347	24,600	1,39093
248	16,211	1,20981	298	19,872	1,29825	348	24,711	1,39289
249	16,275	1,21152	299	19,966	1,30027	349	24,823	1,39485
250	16,340	1,21325	300	20,040	1,30190	350	24,935	1,39681
251	16,402	1,21491	301	20,126	1,30315	351	25,035	1,39855
252	16,469	1,21665	302	20,211	1,30559	352	25,162	1,40075
253	16,534	1,21837	303	20,333	1,30821	353	25,299	1,40293
254	16,599	1,22007	304	20,384	1,30928	354	25,397	1,40479

t'	Q	log Q	t'	Q	log Q	t'	Q	log Q
355	25,507	1,40666	405	32,256	1,50861	455	41,343	1,61640
356	25,629	1,40873	406	32,403	1,51058	456	41,555	1,61862
357	25,739	1,41059	407	32,560	1,51268	457	41,764	1,62080
358	25,857	1,41258	408	32,718	1,51479	458	41,983	1,62307
359	25,974	1,41456	409	32,875	1,51686	459	42,109	1,62437
360	26,096	1,41657	410	33,038	1,51901	460	42,412	1,62743
361	26,214	1,41854	411	33,199	1,52112	461	42,638	1,62975
362	26,338	1,42050	412	33,359	1,52321	462	42,853	1,63198
363	26,434	1,42217	413	33,524	1,52535	463	43,077	1,63425
364	26,555	1,42415	414	33,685	1,52744	464	43,297	1,63646
365	26,678	1,42616	415	33,853	1,52960	465	43,520	1,63869
366	26,803	1,42819	416	34,019	1,53172	466	43,745	1,64093
367	26,926	1,43017	417	34,175	1,53369	467	43,957	1,64303
368	27,065	1,43240	418	34,352	1,53595	468	44,201	1,64543
369	27,198	1,43454	419	34,523	1,53811	469	44,428	1,64766
370	27,323	1,43653	420	34,682	1,54010	470	44,683	1,65014
371	27,450	1,43855	421	34,863	1,54237	471	44,891	1,65216
372	27,568	1,44056	422	35,036	1,54451	472	45,125	1,65442
373	27,772	1,44360	423	35,209	1,54665	473	45,323	1,65632
374	27,836	1,44460	424	35,383	1,54879	474	45,596	1,65893
375	27,967	1,44664	425	35,558	1,55094	475	45,836	1,66121
376	28,095	1,44863	426	35,725	1,55297	476	46,077	1,66348
377	28,231	1,45073	427	35,910	1,55521	477	46,314	1,66571
378	28,360	1,45270	428	36,081	1,55728	478	46,559	1,66800
279	28,495	1,45477	429	36,243	1,55929	479	46,802	1,67026
380	28,627	1,45678	430	36,451	1,56171	480	47,046	1,67252
381	28,763	1,45883	431	36,631	1,56385	481	47,296	1,67482
382	28,897	1,46086	432	36,817	1,56605	482	47,542	1,67708
383	29,034	1,46291	433	37,000	1,56820	483	47,794	1,67937
384	29,170	1,46493	434	37,175	1,56025	484	48,044	1,68184
385	29,308	1,46698	435	37,370	1,57252	485	48,297	1,68392
386	59,447	1,46904	436	37,560	1,57473	486	48,552	1,68621
387	29,580	1,47100	437	37,749	1,57690	487	48,807	1,68848
388	29,728	1,47316	438	37,936	1,57905	488	49,064	1,69076
389	29,869	1,47522	439	38,116	1,58111	489	49,333	1,69314
390	30,014	1,47733	440	38,407	1,58441	490	49,586	1,69536
391	30,160	1,47943	441	38,513	1,58560	491	49,847	1,69764
392	30,304	1,48150	442	38,706	1,58778	492	50,114	1,69996
393	30,449	1,48357	443	38,879	1,58971	493	50,380	1,70226
394	30,594	1,48564	444	39,178	1,59304	494	50,648	1,70456
395	30,741	1,48772	445	39,293	1,59431	495	50,918	1,70687
396	30,887	1,48977	446	39,496	1,59655	496	51,187	1,70916
397	31,037	1,49188	447	39,705	1,59884	497·	51,461	1,71148
398	31,124	1,49310	448	39,900	1,60097	498	51,732	1,71376
399	31,334	1,49601	449	40,100	1,60314	499	52,010	1,71609
400	31,484	1,49809	450	40,296	1,60526	500	52,288	1,71840
401	31,631	1,50011	451	40,511	1,60757			
402	31,783	1,50219	452	40,708	1,60968			
403	31,938	1,50430	453	40,931	1,61205			
404	32,090	1,50637	454	41,132	1,61418			

Comme on connait les valeurs t', t'', les valeurs convenables Q s'en déduisent par tâtonnement.

Chapitre XXVII.

Temps de passage des charges.

La détermination faite dans le chapitre XXV des volumes des zones permet de reconnaître l'espace de fourneau employé pour les diverses opérations, elle offre en même temps le moyen de pousser nos études plus loin et de calculer combien chaque opération prend de temps, dans les différentes méthodes de marche.

Le haut-fourneau de Seraing fournit toutes les 24 heures 8500 k⁰ de fonte d'affinage blanche. Le volume des charges est:

$$\text{minerai} \quad \frac{1300}{2600} = \text{m}^3\ 0,5 \left.\begin{array}{c}\\\\\\\\\\\end{array}\right.$$

$$\text{pierre à chaux} \quad \frac{450}{1200} = \text{m}^3\ 0,375 \quad \text{m}^3\ 2,875\ \text{*).}$$

$$\text{coke} \quad \frac{800}{400} = \text{m}^3\ 2,0$$

par conséquent, la cuve contient $\dfrac{113,806}{2,875} = 39$ charges, et comme une charge produit 546 k⁰ de fonte, le four contient $39 \times 546 = 21294$ k⁰ de fonte brute. Par heure, nous aurons $\dfrac{8500}{12} = 708$ k⁰ fonte et par conséquent le temps nécessaire au passage complet de toute la quantité contenue est $\dfrac{21294}{708} = 30$ heures; ensuite le volume des charges à l'heure est $\dfrac{113,806}{30} = 3,7935$ m³.

Il suit de là que les matériaux ont besoin pour passer (voir chap. XXV)

$$\frac{54,7\ \text{m}^3}{3,7935} = 14 \text{ heures } 35 \text{ minutes dans la zone de fusion,}$$

$$\frac{27,7\ \text{m}^3}{3,7935} = 7 \quad \text{-} \quad 18 \quad \text{-} \quad \text{-} \quad \text{-} \quad \text{-} \quad \text{-} \quad \text{réduction,}$$

$$\frac{31,4\ \text{m}^3}{3,7935} = 8 \quad \text{-} \quad 15 \quad \text{-} \quad \text{-} \quad \text{-} \quad \text{-} \quad \text{-} \quad \text{préparation.}$$

Le temps passé dans la zone de réduction a surtout une grande importance, la réduction du minerai étant d'autant plus complète que le temps est plus long, et d'autant moins que le temps est plus court.

Le temps de $7\frac{1}{4}$ heures environ donné à la réduction est petit, parce que la moitié du minerai consiste en laitiers d'affinage qui ne se laisse pas réduire par l'oxyde de carbone, mais seulement par le carbone fixe.

L'analyse des gaz de ce fourneau

$$\begin{array}{llll}\text{vol.} & 11,39\ CO^2 = & \text{vol.} & 5,695 \text{ carbone,} \\ \text{-} & 28,61\ CO = & \text{-} & 14,305 \quad \text{-} \\ \text{-} & 57,06\ Az & & \overline{} \\ & & \text{vol.} & 21,000 \text{ carbone,}\end{array}$$

démontre qu'il y a une grande quantité de C en excédant.

La composition de ces gaz, comme nous l'avons calculée sans modification pour cette raison, est:

$$3{,}{\scriptstyle 111}\ CO = \text{vol. } 2{,}{\scriptstyle 4859} = \text{vol. } 1{,}{\scriptstyle 24295}\ C,$$
$$0{,}{\scriptstyle 363}\ CO^2 = \text{-}\ \ 0{,}{\scriptstyle 18458} = \text{-}\ \ 0{,}{\scriptstyle 09229}\ C,$$
$$5{,}{\scriptstyle 852}\ Az = \text{-}\ \ 4{,}{\scriptstyle 6572} \qquad \text{---}$$
$$\overline{\qquad\qquad\qquad \text{vol. } 1{,}{\scriptstyle 33524}\ C.}$$

Ce qui donne la proportion $\quad 4{,}{\scriptstyle 6572}\ Az : 1{,}{\scriptstyle 33524}\ C = 1 : 0{,}{\scriptstyle 2867}$, pendant que l'analyse donna $57{,}{\scriptstyle 06}\quad Az : 21 \quad C = 1 : 0{,}{\scriptstyle 3680}$.

Nous avons porté en compte $1{,}{\scriptstyle 333}$ k^0 C comme produisant de la chaleur, pendant que l'analyse des gaz montre qu'il y a à peine 1 k^0 de carbone consommé par l'air introduit. La production de chaleur dans ce fourneau est donc, en définitive

$$(0{,}{\scriptstyle 5} . 8000 - 0{,}{\scriptstyle 5} . 2400) - 0{,}{\scriptstyle 333} . 2400 + 971 = 2972 \text{ cal. au lieu de } 4704 \text{ cal.}$$

(voir chapitre XXV). C'est ce qui fait que tous les résultats changent.

Le terme $0{,}{\scriptstyle 333} . 2400$ est la chaleur de combinaison que le carbone absorbe quand il s'oxyde pour former du CO au contact de l'oxydule de fer.

Nous laissons au lecteur le soin de faire le calcul d'après cette base; notre but, pour le moment, n'étant pas de donner des résultats, mais bien la méthode par laquelle on les obtient.

Chapitre XXVIII.

Contenance en fer des charges.

Il est généralement reconnu que les minerais riches ne penvent produire du fer fondu, sans l'addition d'une grande quantité de fondants (matières à laitiers); cette addition se fait en partie par des minerais pauvres, en partie par des mélanges formées en grande partie de CO^2CaO, en ne perdant pas de vue la composition du laitier qui doit en résulter pour le rendre autant que possible basique. Cette considération, que je n'examinerai pas de plus près, peut avoir sa valeur, mais il est certain que la quantité des fondants a une influence beaucoup plus grande sur les résultats du haut-fourneau et la qualité des produits que la composition du laitier. Nous citerons à l'appui ce fait, que quelques usines du sud-ouest de l'Angleterre où on ne peut avoir facilement de castine, y ont substitué ces temps derniers, sans désavantage, de vieux laitiers de haut-fourneau.

Les longues explications et recherches sur les propriétés chimiques des laitiers paraissent avoir aveuglé les métallurgistes sur le rôle beaucoup plus important qu'ils jouent dans le haut-fourneau, parce qu'ils absorbent la chaleur pour modérer la température au degré auquel les gaz réducteurs peuvent agir, et pour augmenter le temps de la traversée dans la zone de réduction.

MM Boulanger et Dulait se sont fait breveter en Belgique en 1862 pour un moyen de traiter les minerais contenant au-dessus de 35 pour % de fer. Cet „œuf de Colomb" consistait simplement à diminuer la contenance de coke dans les charges. Voici leur raisonnement : 1 k^0 de fonte brute contient, quand il arrive fondu dans le foyer w calories, 1 k^0 de laitier w' cal. Par conséquent, un minerai qui contient 25 pour $^0/_0$ fer et 75 pour $^0/_0$ laitier, a besoin pour être fondu $^1/_4\,w\,+\,^3/_4\,w'$ cal. tandis qu'un minerai contenant 50 pour $^0/_0$ fer contient $^1/_2\,w\,+\,^1/_2\,w'$ cal.; ainsi 1 k^0 de fonte doit avoir dans ce cas une économie de $^1/_4\,w'$. Mais contrairement à ce raisonnement si clair, la pratique avait constamment conduit à augmenter la contenance de coke dans les charges pour des minerais dont la contenance dépassait 40 pour $^0/_0$, par ce fait que la température dans le haut-fourneau augmentait tellement, que l'oxyde de fer se couvrant de laitier fondu, ne pouvait plus se réduire au contact des gaz. D'après leur calcul, 1 k^0 de fonte d'affinage, provenant d'un minerai contenant 25 p. $^0/_0$ de fer, exige 1,69 k^0 coke, tandis qu'avec une contenance de 50 $^0/_0$ cette consommation s'abaisse de 0,54 coke; de même, la consommation pour produire de la fonte grise avec un minerai à 25 pour $^0/_0$ est 2,23 k^0 et de 0,66 en moins pour les minerais à 50 pour $^0/_0$. Ceci posé, ils accordent qu'une diminution de la contenance de combustible dans les charges doit avoir pour résultat une diminution des gaz réducteurs, et par conséquent l'action de la réduction dans la cuve peut se ralentir; mais comme le temps est un élément dont il faut tenir compte, il est probable que la consommation pour les minerais riches doit être un peu plus grande que celle qu'ils indiquent comme résultant de leur calcul.

On appelle ceci : compter sans son hôte.

25 de fer sont combinés dans l'oxyde à 10,7 O et 50 avec 21,4 qui pour obtenir le fer métallique doivent être absorbés par le CO des gaz. Il faut donc faire ce que la pratique a fait, augmenter la quantité de combustible pour produire une quantité de gaz suffisante pour absorber une plus grande contenance en oxygène.

Mais cette opinion de la pratique, juste en elle même, compte aussi sans l'hôte comme les inventeurs précités; car l'augmentation de combustible élève tellement la température de la cuve, que la réduction des minerais par l'oxyde de carbone ne peut plus avoir lieu.

Cette question soumise au concours qu'a provoqué cette invention illusoire par les anciens élèves de l'école de Liège, est restée jusqu'ici sans réponse. En voici la teneur:

„Traitement des minerais oligistes; énonciation des causes qui s'opposent à leur emploi dans une proportion plus grande qu'actuellement. Enonciation des perfectionnements qui conduiraient à ce résultat.“

Les causes recherchées ont été indiquées plus haut, et le moyen de les combattre est le plus simple du monde; il suffit de construire l'ouvrage du haut-fourneau de telle manière que l'excédant de chaleur produit soit transmis par les parois.

Si une amélioration est à désirer dans la sidérurgie, c'est certainement celle qui mettrait un frein à cette production exorbitante de laitiers. Un métallurgiste belge, M. Léon Fromont a calculé que le transport des laitiers d'un seul haut-fourneau coûte quotidiennement frs. 30 et annuellement frs. 11000, il faut en outre compter les frais considérables que nécessite l'achat du terrain sur lequel on dépose ce laitier; enfin que le district ferrifère de Chatelet, à lui seul a couvert depuis 30 ans, 20 hectares de terrain, enlevés de la sorte, a la production des aliments.

Mais comme par le refroidissement des gaz, la zone de réduction ne peut être agrandie, le temps de traversée n'a pas été augmenté en proportion d'une plus grande contenance en fer, ce moyen n'est par conséquent pas suffisant pour augmenter à volonté la richesse des minerais dans les charges, mais nous en causerons un peu plus tard et nous l'indiquerons.

Chapitre XXIX.

Carburation du fer.

Comme l'ont démontré mes essais de réduction, la carburation du fer commence déjà avec sa réduction; bien entendu, elle cesse aussitôt qu'il est renfermée dans le laitier pâteux à demi-fondu, et ceci arrive jusqu'à ce que la fonte soit devenue liquide elle-même; mais alors elle tombe en gouttes dans le creuset, pénètre la couche de laitier et se réunit sur la sole de ce creuset. Il n'est donc pas admissible que la fonte reçoive du carbone d'une autre source que du CO et dans un autre endroit que la zone de réduction.

Ceci va devenir clair, quand nous allons calculer les volumes des zones d'un même haut-fourneau qui produit des fontes de moulage et d'affinage. Celui de Mägdesprung est dans ce cas : les mêmes minerais combinés différemment servent à la production de ces deux sortes de fontes.

Les charges contiennent 63 pour $^0/0$ de minerai spathique qui renferme 48 pour $^0/0$ CO^2.

On consomme pour la production de 1 k^0 fonte de moulage 3,76 k^0 minerai $= 1$ k^0 fer et 2,76 substances étrangères, qui passent avec lui dans le haut-fourneau, jusqu'à ce que $CO^2 = 0{,}914$ s'en dégage; mais comme cette séparation n'a lieu qu'à 800⁰, la quantité de matière à laitier jusqu'à cette température sera 2,76 par kilo de fer; mais à ce point par kilo de fer, on n'aura plus que 3,76 $- (1 + 0{,}944) = 1{,}816$ k^0 laitier auquel il faut ajouter 0,134 provenant de 0,240 de castine qu'on emploie comme fondant par kilo de fer.

Enfin, par cette marche sur 1 k^0 fonte, 1,56 carbone se réduisent par l'eau hygroscopique et d'autres matières fluides, de 12 pour $^0/0$ par conséquent à 1,373 C.

$$\text{1,373 carbone donnent} \quad \ldots \ldots \quad \frac{1{,}373}{2} \cdot 8000 = 5492 \text{ cal.}$$

$$\text{moins} \quad \ldots \ldots \ldots \ldots \quad \frac{1{,}373}{2} \cdot 2400 = 1592 \text{ cal.}$$

$$= 3900 \text{ cal.}$$

plus pour le chauffage préparatoire

du carbone 1900 . 1,373 . 0,28827 $= 752$ $= 1119$ cal. $= 5019$ cal.

du vent   250 . 7,858 . 0,2377 $= 467$

La chaleur spécifique des produits de combustion est:

k^0 3,204 oxyde de carbone $\times$ 0,2479 $= 0{,}79426$ $= 2{,}26486$

- 6,127 azote . . . . $\times$ 0,244 $= 1{,}47060$

et de là, la température à la limite de la zone de gazéfaction

$$= \frac{5019}{2{,}26486} = 2216^0 \, C,$$

mais cette température s'abaisse encore par la transmission.

En prenant cette limite $= 1600^0$, la température moyenne de la zone de fusion $= \dfrac{1600 + 1000}{2} = 1300^0$, celle de la zone de réduction $\dfrac{1000 + 500}{2}$ $= 750$ et celle de la zone de préparation $\dfrac{500}{2} = 250^0$, nous avons ainsi pour:

zone de gazéfaction $t' = 149^0$ et de là la transmission $t' Q = 1672$ cal.
   id.   fusion $t' = 131^0$ id. $t' Q = 1379$ -
   id.   réduction $t' = 720^0$ id. $t' Q = 612$ -
   id.   préparation $t' = 47^0$ id. $t' Q = 361$ -
                                                                        4024 cal.

Maintenant, l'absorption de la chaleur par la colonne de fusion, est comme suit:

Préparation du charbon	k^0 1,56 de	0 à 1600 $\times$ 0,25968	= 648 cal.
id. du minerai	- 3,76 de	0 à 1150 $\times$ 0,342541	= 1480 -
id. de la castine	- 0,24 de	0 à 1150 $\times$ 0,664292	= 183 -
id. du laitier	- 1,95 de 1150 à 1300 $\times$ 0,284570		= 83 -
Chaleur latente	- 1 fer		= 175 -
id.	- 1,95 laitiers . 60		= 117 -
id. des charges	- 0,20 eau . 5,36 . 67		= 107 -
Chaleur de combinaison	- 1,020 CO^2 . 251		= 256 -
Evacuation des gaz	- 3,204 CO . 0,2479 . 100		
id.	- 6,027 Az . 0,244 . 100		
id.	- 1,020 CO^2 . 0,2164 . 100		
id.	- 0,200 eau . 0,475 . 100		= 258 -

$$3307 \text{ cal.}$$

La transmission est par conséquent $= 5019 - 3307 = 1712$ calories et le calcul s'effectuera pour les quatres zones à l'aide des chiffres proportionnels précités, comme suit:

La zone de gazéfaction transmet 712 cal.
celle de fusion   - 587 -
celle de réduction   - 261 -   comme plus haut 1712 cal.
celle de préparation   - 152 -

De là, la température finale de la zone de gazéfaction se réduit à

$$\dfrac{5019 - 712}{2,26486} = 1902^0 \; C.$$

La dépense de chaleur se calcule à présent, dans les zones ci-après, ainsi qu'il suit:

Zone de fusion : préparation
   du carbone   de 1000 à 1902^0. k^0 1,56 . 0,28827 = 406
   du fer   . de 1000 à 1150^0. k^0 1,0 . 0,200482 = 30   = 599 calories,
   des laitiers de 1000 à 1300^0. k^0 1,950 . 0,278317 = 163

chaleur latente
   du fer k^0 1 . 175 = 175
   des laitiers k^0 1,95 . 60 = 117   = 879 -
                   transmission = 587

Zone de réduction : préparation

    du carbone . de 500 à 1000⁰ . k⁰ 1,56 . 0,25838 = 210 $\Big\}$

    du minerai . de 500 à 800⁰ . k⁰ 3,76 . 0,376925 = 425

    de la castine de 500 à 800⁰ . k⁰ 0,24 . 0,675083 = 48 $\Big\}$ = 808 calories,

    du fer . . . de 800 à 1000⁰ . k⁰ 1,00 . 0,146516 = 29

    des laitiers . de 800 à 1000⁰ . k⁰ 1,95 . 0,247047 = 96

$$\text{transmission} = 261$$
$$\text{chaleur de combinaison} : CO^2 . k^0\ 1{,}02 . 251 = 256 \Big\} = 517 \quad -$$

Zone de préparation : préparation

    du carbone . . de 0 à 500 . k⁰ 1,56 . 0,24539 = 191

    du minerai . . de 0 à 500 . k⁰ 3,76 . 0,193545 = 364 $\Big\}$ = 588 —

    de la castine . . de 0 à 500 . k⁰ 0,24 . 0,273285 = 33

chaleur latente de l'eau . . k⁰ 0,2 . 536,67 = 107

chaleur évacuée, comme plus haut . . . . = 258 $\Big\}$ = 517 —

$$\text{transmission} = 152$$

Maintenant, les volumes de ces zones sont proportionnels aux quantités de chaleur absorbées pour les chauffages préparatoires. Si la contenance totale de matières est = m³ 26,55, les volumes sont :

    pour la zone de fusion . . = 599 = m³ 7,972,

    - - - - réduction. = 808 = - 10,753,

    - - - - préparation = 588 = - 7,825,

                1995 = m³ 26,550.

Si, par contre, la marche du haut-fourneau est en fonte d'affinage, pour 1 k⁰ fonte il faut 2,632 minerai et 0,158 castine, et le minerai perd à 800⁰ 0,640 CO^2 et la castine 0,069 k⁰.

Ensuite, la consommation en charbon de bois pour 1 k⁰ fonte est 1,18 k⁰, ce qui fait à 88 pour ⁰/₀ carbone 1,034 k⁰ C.

$$\text{Production de chaleur} \quad \frac{1{,}034}{2} . 8000 = 4136 \text{ cal.}$$

$$\text{moins} \quad \frac{1{,}034}{2} . 2400 = 1241 \quad -$$

$$2895 \text{ cal.}$$

plus pour chauffage préparatoire

    du charbon . . . . . . k⁰ 1,034 . 0,26098 . 1700 = 469 $\Big\}$ = 3716 cal.

    de l'air . . . . k⁰ 5,918 . 0,2377 . 250 = 352 -

La chaleur spécifique des produits de combustion est :

    k⁰ 2,412 oxyde de carbone . 0,2479 = 0,59817

    - 4,539 azote . 0,244 = 1,0750 $\Big\}$ 1,70564,

d'où la première valeur pour la température $\dfrac{3716}{1{,}70567} = 2178⁰\ C$;

pour les températures moyennes :

    1500, la valeur de $t' = 144⁰$ et $Qt' = 1587$

    1250,   id. $t' = 128⁰$ - $Qt' = 1333$

    750,   id. $t' = 72⁰$ - $Qt' = 612$ $\Big\}$ 3893 cal.

    250,   id. $t' = 47⁰$ - $Qt' = 361$

L'absorption de chaleur par la colonne de fusion est:

Chauffage préparatoire

$$
\left.
\begin{array}{lllll}
\text{du charbon} & k^0\ 1{,}18 \text{ de} & 0 \text{ à } 1500 \cdot 0{,}25838 & = 458 \text{ cal.}\\
\text{du minerai} & -\ 2{,}632\ - & 0 \text{ à } 1050 \cdot 0{,}342541 & = 947 \text{ -}\\
\text{de la castine} & -\ 0{,}069\ - & 0 \text{ à } 1050 \cdot 0{,}664293 & = 48 \text{ -}\\
\text{des laitiers} & -\ 1{,}081\ - & 1050 \text{ à } 1300 \cdot 0{,}284570 & = 76 \text{ -}
\end{array}
\right.
$$

Chaleur latente

$$
\begin{array}{lll}
\text{de} & -\ 1 \quad \text{fonte d'affinage} \cdot 139 & = 139 \text{ -}\\
\text{-} & -\ 1{,}081 \text{ laitier} \cdot 60 & = 65 \text{ -}\\
\text{-} & -\ 0{,}15 \text{ eau} \cdot 536{,}67 & = 80 \text{ -}
\end{array}
$$

Chaleur de combinaison

$$
\text{de} \quad -\ 0{,}709\ CO^2 \times 251 \qquad = 178 \text{ -}
$$

Chaleur évacuée avec les gaz

$$
\begin{array}{ll}
k^0\ 2{,}413 \cdot 0{,}2479\ CO & = 0{,}59817\\
-\ 4{,}539 \cdot 0{,}244\ Az & = 1{,}10750\\
-\ 0{,}150 \cdot 0{,}475\ HO & = 0{,}07125\\
-\ 0{,}709 \cdot 0{,}2164\ CO^2 & = 0{,}15342\\
& \quad 1{,}93034 \times 100 = 193 \text{ -}
\end{array}
$$

$$\Big\} = 2184 \text{ cal.}$$

Par conséquent, la transmission pour $3716 - 2184 = 1533$ cal., de là

$$
\left.
\begin{array}{lll}
\text{transmission de la zone de gazéfaction} & = 625\\
\text{id.} \qquad \text{fusion} & = 525\\
\text{id.} \qquad \text{réduction} & = 242\\
\text{id.} \qquad \text{préparation} & = 142
\end{array}
\right\} = 1534 \text{ cal.}
$$

Température finale de la zone de gazéfaction $\dfrac{3716 - 625}{1{,}70567} = 1812^0\ C.$

Consommation de chaleur dans la zone de gazéfaction:

Chauffage préparatoire

$$
\left.
\begin{array}{lll}
\text{du charbon} & k^0\ 1{,}18\ (1812 - 800)\ 0{,}389613 & = 426\\
\text{- laitier} & -\ 1{,}081\ (1300 - 800)\ 0{,}2658393 & = 157\\
\text{- fer} & -\ 1{,}00\ (1050 - 800)\ 0{,}149691 & = 37
\end{array}
\right\} = 620 \text{ cal.}
$$

Chaleur latente

$$
\left.
\begin{array}{lll}
\text{du fer} & -\ 1 \cdot 139 & = 139\\
\text{- laitier} & -\ 1{,}081 \cdot 60 & = 65\\
& \text{transmission} & = 525
\end{array}
\right\} = 729 \text{ -}
$$

Consommation de chaleur dans la zone de réduction:

Chauffage préparatoire

$$
\left.
\begin{array}{lll}
\text{du charbon} & k^0\ 1{,}18\ (800 - 500) \cdot 0{,}263693 & = 93\\
\text{- minerai} & -\ 2{,}632\ (800 - 500) \cdot 0{,}198739 & = 157\\
\text{de la castine} & -\ 0{,}069\ (800 - 500) \cdot 0{,}557654 & = 11
\end{array}
\right\} = 261 \text{ -}
$$

Chaleur de combinaison

$$
\left.
\begin{array}{lll}
\text{de l'acide carbonique} & -\ 0{,}709 \cdot 251 & = 178\\
& \text{transmission} & = 242
\end{array}
\right\} = 420 \text{ -}
$$

Consommation de chaleur dans la zone de préparation:

Chauffage préparatoire

$$
\left.
\begin{array}{lll}
\text{du charbon} & k^0\ 1{,}18 \cdot 500 \cdot 0{,}24539 & = 145\\
\text{- minerai} & -\ 2{,}632 \cdot 500 \cdot 0{,}193545 & = 254\\
\text{de la castine} & -\ 0{,}069 \cdot 500 \cdot 0{,}273285 & = 9
\end{array}
\right\} = 408 \text{ -}
$$

Chaleur latente

de l'eau . . . . k⁰ 0,15 . 636,67 $= 80$

Chaleur évacuée, comme plus haut . . . . $= 193$ }$= 415$ cal.

transmission $= 142$

Volumes des zones:

zone de fusion . . . 620 $=$ m³ 12,77,

id.   réduction . . 261 $=$ m³ 5,38,

id.   préparation . 408 $=$ m³ 8,40,

1289 $=$ m³ 26,55.

Lorsqu'on marche pour obtenir de la fonte de moulage, le volume de la zone de réduction est de 10,753 m³; par contre, pour la fonte d'affinage, il n'a que 5,58 m³; mais comme dans le premier cas, on produit en 24 heures 2250 k⁰, et dans le dernier 3100 k⁰, les temps de passage dans la zone de réduction sont comme $10{,}753 : \dfrac{2220}{3100} . 5{,}38 = 2{,}75 : 1.$

Il faut ajouter encore que le carbone agissant sur 1 k⁰ de fonte de moulage est 1,373 k⁰, tandis qu'il n'est que de 1,034 k⁰ pour la fonte d'affinage, ce qui ramènerait la proportion trouvée comme 3,65 : 1.

Pour la production de la fonte miroitante*) qui est complètement saturée de carbone, le temps de passage dans la zone de réduction sera encore plus grand. Ainsi, par exemple, à Hirflau en Styrie, les Blauöfen produisaient avec une capacité de cuve de 20 m³, seulement 1050 k⁰ en 24 heures. Le rapport de cette capacité de haut-fourneau à la précédente est 1,3, c'est pour cela que pour rendre les productions comparables nous sommes obligés de la multiplier par le rapport : $1{,}3 \times 1050 = 1365$ k⁰, d'où le temps de traversée pour la fonte miroitante par rapport à la fonte de moulage est donné par la proportion $\dfrac{2250}{1365} = 1{,}648,$ c'est à dire que le minerai servant à la production de la fonte miroitante reste 1,648 fois plus longtemps en contact avec les gaz réducteurs que pour la production de la fonte de moulage. Il faut observer en outre que le minerai spathique employé pour la production de cette fonte ne contient que de l'oxidule de fer qui naturellement se réduit beaucoup plus facilement que l'oxyde. Les temps de passage pour les 3 manières précitées sont:

pour la fonte miroitante . . 4,53,

id.   de moulage . 2,35,

id.   d'affinage . . 1,00,

Ces proportions montrent clairement que la carburation de la fonte ne dépend pas des dimensions d'une zone de carburation imaginaire, mais bien du temps pendant lequel l'oxyde de carbone et le minerai restent en contact utile; c'est à dire pendant un intervalle de température de 500 à 800⁰. Ce temps peut être abrégé par des gaz plus riches, ainsi que nous l'avons démontré par les expériences faites avec le réductomètre (chapitre XXI).

---

*) Il y a des opinions très différentes sur la production de la fonte miroitante. Comme tous les oxydes de manganèse, ainsi que l'expérience l'a confirmé, en contact avec CO, ne sont pas réduits à la température de la zone de réduction, en manganèse métallique, mais en oxydule de manganèse, il faut que ce dernier passe dans le laitier; ce n'est que là qu'il est réduit par le carbone fixe et passe dans le fer; comme il y a excédant de manganèse, l'acide silicique ne se réduit pas : ceci pourrait être l'explication du procédé, tout le fer étant déjà réduit quand il arrive dans la zone de fusion.

Chapitre XXX.

Forme du haut-fourneau.

De tous les facteurs actifs du haut-fourneau, il n'y en a guère qui ait été l'objet de plus de controverses pour les empiriques et qui ait présenté plus de difficultés aux théoriciens que celui de la forme de cet appareil. On n'est d'accord que sur un seul point, c'est que les ouvrages larges se prêtent mieux à la production de la fonte d'affinage, et les ouvrages étroits à celle de la fonte de moulage. Scheerer pense pouvoir expliquer que dans les ouvrages larges, les produits de combustion avec les matières à fondre ne tombent qu'avec une vitesse moins grande que dans les ouvrages étroits; mais comme la section plus grande de l'ouvrage met nécessairement en contact une quantité plus grande de fondants, cette explication n'est pas admissible.

On admet généralement que l'ouvrage large sert de moyen pour modérer la température, et il est nécessaire qu'elle soit basse pour la production de la fonte d'affinage; mais ce n'est pas du tout le cas, comme nous le montrerons plus loin, car la production de la fonte ordinaire d'affinage, pauvre en carbone est entièrement basée sur la réduction incomplète des minerais dans la zone de réduction et la séparation du fer des laitiers contenant de l'oxidule, au moyen du carbone fixe.

La seule véritable raison qui rend l'ouvrage large plus propre à la production de la fonte d'affinage, ne peut être que celle-ci : que le laitier contenant du fer et du carbone peut s'étendre d'avantage sur les parois de l'ouvrage, par suite arrive plus lentement dans le creuset ou il trouve une section plus grande où l'action du carbone fixe sur l'oxydule de fer a plus de temps pour se terminer.

A l'appui de cette opinion vient ce fait que la couche de laitier dans le foyer est toujours plus sombre quand il vient d'y avoir une coulée, et elle devient d'autant plus claire, qu'elle a été exposée plus longtemps à cet endroit à de hautes températures.

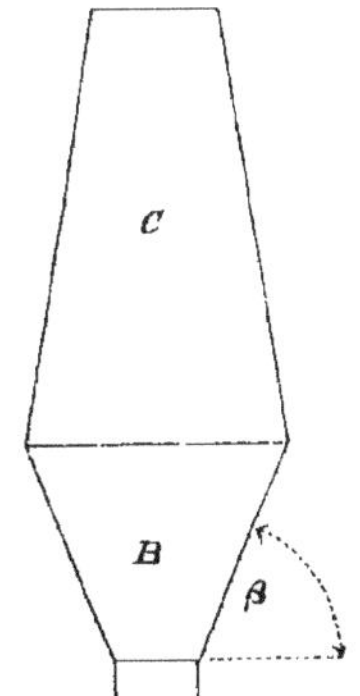

La forme traditionnelle du haut-fourneau est celle représentée dans la figure ci-contre, dans laquelle A est l'ouvrage, B les étalages, C la cuve.

L'angle β est l'angle des étalages.

Plusieurs métallurgistes attribuent à cet angle une très grande influence : Scheerer cite K.-A. Weniger qui prétend qu'à des angles de 25⁰, 45⁰, 55⁰ et 65⁰ se rapportent des consommations de combustible dans la proportion de $1^1/8$, $1^1/2$, $2^1/4$ et $3^1/4$; quoique Scheerer n'adopte pas cette opinion, il considère néanmoins ces chiffres comme ayant une certaine valeur.

Moins les parois sont inclinées, plus la section de la colonne de fusion s'agrandit et plus la résistance diminue.

Si Weniger a donné à ces angles d'étalage différents des pressions et des tuyères égales, dans la supposition fausse, mais généralement admise, que des pressions égales du manomètre et des sections identiques de tuyères doivent donner des mêmes quantités d'air, il a naturellement, dans l'unité de temps pour des angles d'étalage décroissants, introduit de plus en plus d'air, par conséquent augmenté la consommation dans l'unité de temps et aussi la quantité de matières à traiter; il devait s'en suivre finalement une économie de combustible, parce que quand les charges descendent plus lentement, la quantité de chaleur transmise par les parois est plus considérable proportionnellement à la fonte produite.

Cette forme de haut-fourneau rendra la résistance de la colonne de fusion d'autant plus grande que l'angle des étalages sera plus grand, et comme à un grand angle d'étalages correspond une section plus faible de la cuve, la résistance croît considérablement; voilà pourquoi aussi à de fortes pressions de vent, la consommation du charbon devient facilement trop grande dans l'unité de temps, c'est aussi pourquoi les charges séjournent plus longtemps dans la cuve

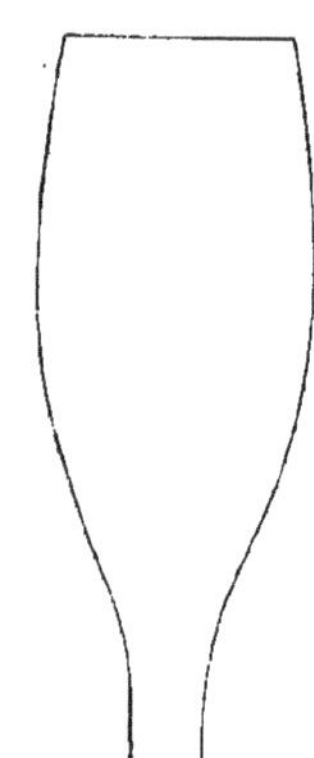

pour se réduire plus complètement, avant de devenir imperméables au gaz réducteur par le laitier à demi fondu. C'est pour cela que cette forme de haut-fourneau a conservé la réputation de produire la fonte la plus pure et la meilleure. Mais le lecteur verra facilement que toute autre forme peut donner la même qualité de fonte quand la quantité de vent a été mesurée de manière à laisser les charges suffisamment longtemps dans la cuve pour leur donner le temps de se réduire complètement, avant d'arriver dans la région où la température dépasse 800°.

La grande industrie de fer en Angleterre, en Belgique et en France, a aussi abandonné, depuis quelque dizaine d'années, cette forme traditionnelle et est arrivée après quelques tâtonnements, à la forme re présentée par le croquis ci-contre. On a eu soin, en même temps, d'augmenter les dimensions en hauteur et en largeur, de manière à avoir des productions plus considérables, en augmentant d'un côté par une diminution de transmission, de l'autre par l'élévation de la température et la pression du vent le temps de traversée, en diminuant la qualité du produit. Cette forme a été accusée à tort de nuire à la qualité des produits, résultat dû aux causes précitées.

Comme nous le montrerons dans le chapitre XXXVI, cette grande pression

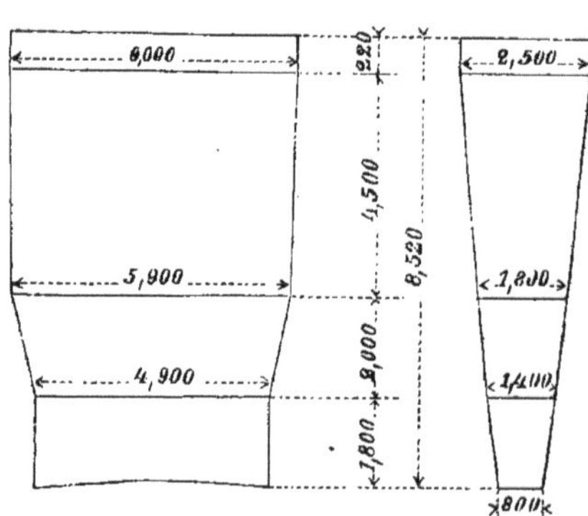

de vent que demandent des fourneaux plus vastes et plus élevés, ne peut être obtenue qu'à grands frais, sans donner des résultats plus favorables. C'est pour cela que la forme donnée dans le croquis ci-contre du haut-fourneau de Raschette a l'avantage décisif sur la forme actuelle, d'éviter les désavantages du vent à haute pression, et par rapport à la proportion, entre la capacité et la surface des parois, de ne pas se comporter plus mal que les hauts-fourneaux circulaires.

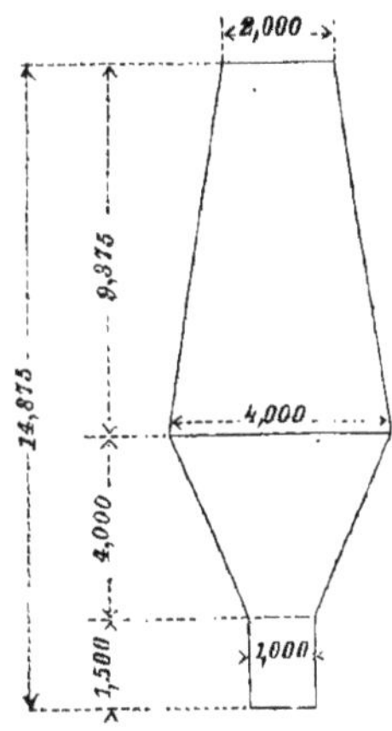

Ci-contre nous avons représenté un haut-fourneau rond qui a la même capacité que celui de Raschette, mais qui au lieu de 8,52 de hauteur a 14,875 m. Le premier a 87 m³ de capacité et 123,893 m² de surface et le second 87 m³ de capacité et 124,420 de surface de parois. Les deux hauts-fourneaux ont par suite des rapports égaux entre leurs volumes et leurs surfaces de parois; la hauteur plus grande du fourneau circulaire et sa section plus faible augmentent nécessairement d'une manière considérable la résistance de la colonne de fusion et demandent par suite une pression de vent beaucoup plus forte. La section de l'ouvrage dans le haut-fourneau de Raschette est de $4,9 \times 1,100 = 5,39$ et celle du fourneau circulaire $\dfrac{1^2 \times \pi}{4} = 0,79$ m². Par conséquent, pour des quantités égales de vent dans l'unité de temps, les vitesses sont dans le rapport de 0,14 : 1 et la pression de vent nécessaire 1 : 51.

Les défenseurs de la forme traditionnelle prétendent que les charges se ramollissent plus par la forme en cône renversé de la cuve que par la forme contraire : je crois que c'est parfaitement vrai; mais ce ramollissement cesse d'être nécessaire dès que par une section plus grande, les gaz arrivent à une vitesse plus petite, et quand ce fait se produit sur une aussi grande échelle que le haut-fourneau Raschette, les minerais sont encore mieux pénétrés par le gaz que dans les hauts-fourneaux étroits, même avec des cuves très côniques.

Chapitre XXXI.

Analyse des gaz des hauts-fourneaux.

En 1839, Bunsen et Ebelmen entreprirent simultanément et sans connaître leurs recherches réciproques, l'analyse du gaz des hauts-fourneaux à des profondeurs différentes de la cuve. Bunsen employa la méthode volumétrique et Ebelmen les pesées, où le carbure d'hydrogène contenu dans le gaz lui a échappé.

Quoique ce fait de faire figurer CH^2 ou seulement H ne soit d'aucune importance pour l'application pratique de ces analyses, l'oubli de cette détermination a le désavantage, qui a son importance, que la composition en centièmes change. En effet, 1 volume CH^2 renferme 0,2 C et 0,8 H qui réunis, viennent en compte comme 0,2 CO et 1,6 H; on a alors par 1 volume CH^2 0,8 vol. H de trop dans les résultats.

Autrement, l'analyse par les poids mérite la préférence en ce que l'on obtient un résultat moyen des gaz passés qui naturellement varient entre deux charges qui se suivent pendant plus longtemps.

L'analyse des gaz des hauts-fourneaux par les volumes, peut cependant aussi conduire à de grandes erreurs comme le montre le résultat suivant de l'analyse des gaz du gueulard du haut-fourneau de Bürum qui donna :

$$
\begin{array}{lll}
CO^2 & . \quad \text{vol.} & 22,20 \\
CO & . \quad - & 8,04 \\
CH^2 & . \quad - & 3,87 \quad \} \ 100,00 \text{ vol.} \\
H & . \quad - & 11,46 \\
Az & . \quad - & 64,43 \\
\end{array}
$$

Ces gaz renferment 15,894 volumes de carbone = k⁰ 17,049.

L'espèce du minerai fondu n'est pas indiquée (ce qui eût été indispensable pour juger des résultats); il se peut que ce minerai n'ait pas contenu de CO_2, la matière à laitier non plus, car 64,43 pour °/o d'azote correspondent à 17,86 de carbone gazéfié par l'air introduit. Il se trouve par conséquent dans les gaz 1,192 vol. pour °/o de déficit, mais comme pour 1 k⁰ de fer produit, il faut rarement plus de 1 k⁰ carbone, les 100 volumes de gaz considérés en mètres cubes, correspondent à 17,049 k⁰ de fer qui contiennent à l'état d'oxyde 7,3067 O = 5,1086 volumes.

Mais les gaz contiennent 26,22 vol. O; il reste alors 21,1114 O qui pourrait provenir de l'air introduit et les 64,43 vol. Az qui se trouvent dans le gaz, ne pouvaient amener que 17,063 vol. O. L'analyse donne par conséquent un excédant d'oxygène de 4,0441 vol. (plus de 15 pour °/o) qui ne peuvent être nullement justifiés.

En général, il deviendra presque impossible de réduire le minerai quand il y aura une proportion de 8 CO, et si la réduction dans le haut-fourneau de Bärum avait eu lieu principalement par du carbone fixe, il faudrait que les charges n'eussent pas contenu de CO_2.

Après ces explications· sur les méthodes d'analyse et les moyens de les contrôler, vient la question de leur application utile. Les traités de métallurgie du fer se taisent sur ce sujet et si Scheerer a groupé les résultats des analyses des gaz des hauts-fourneaux d'après le combustible employé et calculé la moyenne de leur valeur en combustible, il a perdu de vue que la composition du gaz dépend beaucoup moins du combustible employé que du mode de marche et de la nature des minerais. Il n'a pas songé non plus qu'il faut tenir compte de la vapeur d'eau qui accompagne ces gaz.

Mais Ebelmen, non seulement a fait ces analyses, mais s'est efforcé d'en tirer des conclusions. L'analyse des gaz, pris à différentes profondeurs dans le haut-fourneau, montre qu'il y a dans toute cuve un endroit où il n'y a pas d'acide carbonique, mais seulement de l'oxyde de carbone; cet endroit est situé plus ou moins haut au-dessus des tuyères, ce qui démontre que l'oxyde de carbone ne peut se transformer en CO_2 quand le fer est déjà entouré de scories à moitié liquides. Cet état a lieu, ainsi que nous l'avons démontré, aussitôt que les charges arrivent à une température entre 800 et 1000⁰. Fort peu au-dessus de ce point où CO se trouve seul, il se présente une quantité considérable de CO_2 provenant du CO_2 CaO, servant de fondant, ou du CO_2, contenu dans quelques minerais de fer.

Lorsque les gaz s'élèvent, le CO_2 s'augmente constamment par la réduction jusque près du gueulard, où le CO augmentera par les produits de la distillation du combustible, comme Ebelmen l'a démontré. Ces analyses permettent de suivre l'action de la réduction, si on a soin, comme dans quelques recherches d'Ebelmen, de procéder aux analyses des substances qui se trouvent contenues dans les charges.

Avec la connaissance exacte de la composition des charges il est possible de calculer par l'analyse des gaz du gueulard, le carbone, qui par réduction directe, passe dans les gaz et alors ne se combine pas à l'air introduit.

Enfin, on peut aussi, comme contrôle de cette détermination, calculer l'oxygène enlevé aux oxydes par l'oxyde de carbone dans la zone de réduction.

7

Les charges du haut-fourneau de Clairval contenaient pour %:

Carbone k⁰ 30,648 provenant du charbon $\rightarrow$ = vol. 28,572,
- - 2,509 - du minerai et du $CO^2\ CaO$ = - 2,339,
Oxygène - 12,000 - du minerai
- - 2,089 - du charbon et $\qquad$ k⁰ 20,780
- - 6,691 - de l'acide carbonique dans le mi- = vol. 14,495.
nerai et la pierre à chaux

Si tout le carbone du charbon avait été transformé dans la zone de gazéfaction, en CO^2, puis réduit en CO, il faudrait que les gaz donnassent un excédant de 2,509 C et 20,780 O, c'est-à-dire dans la proportion $\dfrac{14,495}{2,339} = 6{,}197$.

Mais l'analyse donna:

$$12{,}68 \text{ vol. } CO^2 = 6{,}440 \text{ vol. } C \text{ et } 12{,}880 \text{ vol. } O,$$
$$25{,}51 \ - \ CO = 11{,}755 \quad \text{id.} \quad 11{,}755 \quad \text{id.}$$
$$57{,}71 \ - \ Az = 18{,}195 \text{ vol. } C \text{ et } 24{,}635 \text{ vol. } O.$$

En calculant sur

$$100 \text{ vol. } O = 31{,}485 \text{ vol. } C \text{ et } 42{,}629 \text{ vol. } O,$$
$$26{,}519 \quad \text{id.} \quad 26{,}511 \quad \text{id.}$$
$$= \text{Excédant de } 4{,}966 \text{ vol. } C \text{ et } 16{,}118 \text{ vol. } O.$$

Mais cela ne donne pas le rapport 6,197, mais $\dfrac{16{,}118}{4{,}966} = 3{,}246$, ce qui démontre que l'excédant de carbone contenu dans les gaz est presque moitié plus grand qu'il ne devrait être, si une partie ne s'était déjà combinée directement avec l'oxygène du minerai.

Cet excédant est:

$$14{,}495 : 16{,}118 :: 2{,}339 : x = 2{,}601 \text{ vol. de carbone} = 2{,}790 \text{ du poids.}$$

Comme cette méthode de marche consomme 1 k⁰ de carbone pour 1 k⁰ de fonte brute, et que nous avons dans la composition de la charge qui nous sert de point de comparaison 27,2 k⁰ de fer, il en résulte qu'il n'y a que 0,91 du fer produit qui ont été réduits par le CO dans la zone de réduction et 0,09 par le contact direct avec le carbone fixe dans les zones de fusion et de gazéfaction.

Dans le chapitre XXV, nous avons mentionné un haut-fourneau de Seraing, dont les charges contiennent pour 1 k⁰ de fonte brute, 0,363 CO^2 = 0,099 de C et 0,264 oxygène, ensuite dans les oxydes 0,290 oxygène et enfin 1,333 carbone dans le coke.

Nous avons donc 0,099 C pour $0{,}264 + 0{,}290 = 0{,}554\ O$ = en volumes 0,09229 : 0,38738 = 4,1974.

Les gaz du gueulard contenaient:

$$\text{vol. } 11{,}39\ CO^2 \ . \ . \ = 5{,}695\ C \text{ et } 11{,}390\ O,$$
$$- \ 28{,}61\ CO \ . \ . \ = 14{,}305\ C \text{ et } 14{,}305\ O,$$
$$- \ 0{,}20\ C^2H \ . \ . \ = 0{,}04 \qquad —$$
$$- \ 57{,}06\ Az \ . \ . \ . \ = 20{,}04\ C \text{ et } 25{,}695\ O,$$
$$- \ 100{,}00\ Az \ . \ . \ . \ = 35{,}121\ C \text{ et } 45{,}032\ O,$$
$$\text{moins} = 26{,}519\ C \text{ et } 26{,}519\ O,$$
$$\text{Excédant} = 8{,}602\ C \text{ et } 18{,}513\ O,$$

et nous avons 0,38738 : 18,513 = 0,09229 : x = 4,4105 C qui s'est oxydé directement au contact de l'oxydule de fer. C'est ainsi qu'il a été employé sur 1 k⁰ de fonte 8,604 : 4,1915 = 1 333 : x = 0,649 k⁰ carbone à l'état d'oxyde et 0,684 à l'état de carbone fixe pour la réduction.

Cette réduction directe, portée à l'extrême, est plus grande que celle produite par le CO, ce qui est pleinement justifié, parce que la moitié du minerai consiste en laitier d'affinage qui ne peut jamais être réduit par l'oxyde de carbone.

Il résulte de là, que l'analyse des gaz du gueulard, même pour les métallurgistes pratiques, est un moyen de grande valeur pour se rendre compte de ce qui se passe dans le haut-fourneau, quoique la réduction du fer lui montre déjà quand la réduction directe est portée trop haut.

Chapitre XXXII.

De la castine, comme fondant.

Il résulte des recherches précédentes et des considérations auxquelles elles ont donné lieu que la castine sert plutôt à régulariser la température et à procurer à la zone de réduction le volume nécessaire, qu'à rendre les laitiers dans lesquels elle passe plus ou moins basiques, car rendre ceux-ci basiques, peut aussi se traduire par „ajouter du fondant.“

Nous avons démontré que le carbonate de chaux commence à 800⁰ à rendre son acide carbonique; les analyses d'Ebelmen montrent que ce CO_2 ne forme pas de CO, mais dilue seulement le CO réducteur et ne fait qu'affaiblir l'action de ce dernier.

Mais nos expériences sur la réduction montrent qu'une diminution insignifiante de l'oxyde de carbone, qui vient en contact avec le minerai dans l'unité de temps, affaiblit déjà dans une proportion plus grande l'intensité de la réduction et ceci décide la question, de savoir s'il est plus avantageux pour la marche du haut-fourneau d'employer la chaux naturelle ou calcinée.

Ce qui milite encore en faveur de l'emploi de cette dernière, c'est qu'elle a une chaleur spécifique moindre à une température plus élevée. A 100⁰ (voir chapitre X) la chaleur spécifique de la castine brute est 0,1666, celle de la chaux est 0,2169, mais l'élévation de la chaleur spécifique pour des températures croissantes de 100⁰, sont : pour la chaux brute 0,0710926; pour la chaux calcinée 0,0107892, par conséquent 1 k⁰ de chaux brute absorbe pour arriver à la température de 800⁰, 304 calories pendant que la chaux vive en prend seulement 199; l'emploi de la chaux calcinée augmentera donc le volume de la zone de réduction de la différence entre 304 et 199 $=$ 105 calories.

Si divers métallurgistes ont fait des expériences dans ce sens qui ont donné des résultats contraires, ceci provient de la proportion des quantités de chaux et de carbone ramenées à l'unité de poids de fonte brute, car si la quantité de la première est insignifiante et celle du second abondante, l'avantage qui résulterait de l'emploi de la chaux calcinée dans d'autres conditions, disparaît.

Chapitre XXXIII.

Coke et charbon de bois.

Déjà, dans les rapports commerciaux, on fait une distinction dans les prix de fonte au bois ou au coke; celui du premier est toujours plus élevé à cause de sa qualité supérieure.

On attribue exclusivement cette supériorité du fer au bois, à ce que le coke contient des substances plus nuisibles au fer, comme le silicium, le soufre et le phosphore, que le charbon de bois. On ne peut pas contester que les substances contenues dans le coke, ne nuisent à la qualité du produit, mais ce n'est pas là la cause principale; c'est plutôt le mode d'opérer, nécessité par l'emploi du coke, ou employé volontairement.

On sait généralement qu'on emploie partout pour l'unité de poids de fonte, une proportion plus grande de coke que de charbon de bois. Ce fait s'explique parce que 1 m³ de coke pèse 400 k⁰, tandis que le même volume de charbon de bois ne pèse que 230 k⁰. Pour obtenir alors des temps de passages égaux, ce qui dépend des volumes des charges, le poids du coke est $\frac{400}{230} = 1{,}74$ fois plus grand, ce qui est d'accord avec la pratique.

Mais, comme le coke contient beaucoup plus de matières inorganiques que le charbon de bois, la proportion de carbone contenu sera seulement de 1 à 1,5. Cette contenance plus grande de matières à laitiers dans le coke qu'il faut nécessairement liquéfier, est tout à fait hors de proportion avec la contenance plus grande en carbone, car 0,24 matières à laitiers absorbent au plus $0{,}24 \times 60 = 14{,}4$ calories de chaleur latente, tandis que 0,5 k⁰ carbone produisent $0{,}5 \times 2400 = 1200$ calories.

Une telle augmentation de chaleur produite, a pour conséquence un agrandissement de la zone de fusion et une diminution de celle de réduction. D'autre part, la contenance en carbone des charges augmente le volume et le poids du gaz, sans pour cela augmenter sa contenance en CO; cette raison équilibrerait dans une certaine mesure le désavantage d'une zone de réduction diminuée, parce que, comme nos expériences sur la réduction l'ont démontré, une augmentation de la quantité de gaz active la réduction dans l'unité de temps. Mais probablement cette augmentation du gaz n'atténue pas complètement le mauvais effet de la diminution de la zone de réduction, parce qu'une augmentation de volume du gaz ne compense pas probablement l'inconvénient d'une quantité de chaleur plus considérable.

Il y a encore une autre cause qui diminue le volume de la zone de réduction, c'est la chaleur spécifique du coke comparée à celle du charbon de bois. Celle-là a 100⁰ $= 0{,}2415$ et celle-ci 0,157139 (voir chapitre X). Mais l'élévation de la chaleur spécifique pour 100⁰ en plus de température est pour celle-ci 0,0026 et pour celle-là 0,019372; par conséquent, l'absorption de la chaleur de 1,74 k⁰ de coke par le chauffage à

$$800^0 \text{ est } 0{,}157139 + (3 \times 0{,}019372)\, 1{,}74 \cdot 800 = 299 \text{ calories}$$

tandis que le charbon de bois absorbe seulement

$$0{,}2415 + 3 \times 0{,}0026 \times 1 \times 800 = 199 \text{ calories.}$$

Le volume de la zone de réduction est par conséquent diminué dans cette proportion, quand on substitue du coke au charbon de bois. Si le volume pour le charbon de bois $= 15$ m³ dont 10 pour le charbon et 5 pour le minerai et les matières à laitiers, par sa substitution du coke on aurait $\frac{199}{299} \times (10 + 5) = 11{,}62$ m³.

La conséquence nécessaire de cette diminution considérable dans la zone de réduction est que le minerai ne sera pas complètement réduit avant de parvenir dans la zone de fusion, qu'une partie de l'oxydule de fer sera empâtée dans les matières à laitier en fusion et ne sera réduit que par le contact du carbone fixe à une haute température où le silicium et le phosphore sont réduits et absorbés en grande quantité par la fonte.

Il faut remarquer qu'il se forme de l'oxyde de carbone par cette réduction directe par le carbone fixe, qui absorbe par chaque kilogramme de carbone 2400 calories. C'est pourquoi le volume de la zone de fusion est réduit en faveur de celle de réduction. La qualité inférieure de la fonte produite montre que cette compensation est presque nulle.

MM Gruner et Lan l'ont fait voir : *(État présent de la métallurgie du fer en Angleterre)* les hauts-fourneaux anglais fournissent un exemple de ce fait que le même combustible et le même minerai peuvent donner des produits très différents, et que leur qualité dépend surtout du mode de procéder. Ainsi, par exemple, la fonte peut contenir, pour une même composition des charges, moins de substances étrangères, quand le combustible a été brûlé lentement par une quantité d'air moindre dans l'unité de temps, car alors la proportion de chaleur perdue par les parois relativement à celle produite, est plus grande; alors le volume de la zone de fusion sera diminué et celui de la zone de réduction augmenté. C'est par cette raison aussi que la grandeur et la forme des hauts-fourneaux ont leur influence en ce qu'ils favorisent le refroidissement des gaz ascendants, ou lui nuisent.

Chapitre XXXIV.

Contenance en cendres du coke.

Malheureusement, la contenance en cendres des cokes provenant d'une même houillère, est très fréquemment variable et si on n'a pas soin de la déterminer souvent, on est exposé à des variations et à des interruptions dans la marche du haut-fourneau.

Si, par exemple, 1 k^0 de coke contient tantôt 0,90, tantôt 0,70 de carbone, la quantité de chaleur produite sera tantôt 5040 calories tantôt 3920, ce qui change naturellement toutes les proportions du haut-fourneau.

L'abondance plus grande des cendres dans le coke n'augmente pas les matières à laitiers, de manière que cette augmentation puisse être de quelque utilité, car ce laitier n'est produit que par la combustion du coke dans le foyer.

Mon opinion est que l'impureté chimique de la fonte et les influences que les substances étrangères peuvent avoir dans les réactions, ne sont à considérer qu'autant qu'elles sont modifiées par la température dans le haut-fourneau; par rapport aux cendres du coke, il faut cependant mentionner qu'elles contiennent souvent des doses de substances telles qu'elles agissent ostensiblement d'une manière nuisible. Ainsi, par exemple, j'ai trouvé dans des cendres de coke belge (contenance 26,91 pour %) que 0,2 pour % arsenic, 0,23 pour % soufre et 0,03 pour % phosphore, tandis que le coke du bassin de la Saare contenait 0,81 pour % arsenic, 1,29 pour % phosphore et 12,52 pour % soufre sur une quantité de cendres de 21,924 pour %.

Il est devenu douteux, par les découvertes de Ste-Claire Deville, qu'il faille attacher encore quelque importance à la contenance en alcalis des cendres du combustible; mais l'opinion que ces cendres n'en contiennent pas ou rarement, est inexacte, car j'ai trouvé dans celles du coke belge 1,89 pour % et dans celles du coke de Saarbrück 0,72 pour % *NaO* et *KO*, ainsi que dans la plupart des minerais que j'ai analysés.

Lè silicium et le phosphore sont celles des impuretés dont la haute température favorise surtout les combinaisons avec la fonte, lorsque la réduction du minerai est incomplète, parce que à cette température SiO^3 et PO^5 sont réduits en Si et P et cette circonstance prouve que ces impuretés proviennent plutôt du coke que du minerai.

Chapitre XXXV.

Quantité d'air introduite dans le haut-fourneau.

La quantité d'air introduite dans le haut-fourneau ne se déduit nullement, comme quelques traités de métallurgie l'enseignent, de la pression du vent et de la section des tuyères, car le vent qui en sort ne s'écoule pas dans un espace libre, mais bien dans une capacité où son écoulement est considérablement entravé.

Ce n'est que par l'analyse des gaz du gueulard et celle des charges, que l'on peut indiquer exactement la quantité effective de vent introduite dans les fourneaux.

Choisissons, comme exemple, les analyses des gaz du gueulard faites par Ebelmen au haut-fourneau de Clairval.

Elles donnent :

$$\text{Vol. } 12{,}88\ CO^2 = 12{,}88\ O + 6{,}44\ C,$$
$$-\ 23{,}51\ CO = 11{,}755\ O + 11{,}755\ C,$$
$$-\ 5{,}82\ H \quad \overline{24{,}635\ O + 18{,}195\ C,}$$
$$-\ 57{,}79\ Az,$$
$$\text{Vol. } \overline{100{,}00.}$$

Pendant le mois de Septembre 1841, il a été donné en charges :

90045 charbon de bois,

11700 castine,

154800 minerai d'alluvion,

78800 minerai calcaire,

en $30 \times 24 = 270$ heures.

Par conséquent, il revient aux charges par heure :

125   charbon de bois,

31,5 castine,

215,0 minerai d'alluvion,

1099,4 minerai calcaire ;

il a été produit en tout 61170 k^0 de fonte et par heure 85 k^0.

L'analyse du mélange des charges, y compris la pierre à chaux, donna :

27,2 fer,

12,0 oxygène,

12,5 eau,

9,2 acide carbonique,

20,0 acide silicique,

6,6 argile,

11,8 chaux,

0,7 oxyde de manganèse,

100,00.

Le charbon de bois contenait:

$$88{,}0 \ C,$$
$$3{,}0 \ H,$$
$$6{,}0 \ O,$$
$$\underline{3{,}0 \ Cendres,}$$
$$100{,}00,$$

et donna à la distillation sèche:

3 pour $^0/_0$ hydrogène,
6 - - oxygène,
4 - - carbone.

Une charge par heure, contenait par conséquent:

						Matière à laitier.
k⁰ 125	charbon de bois	$= 110{,}00 \ C$	$7{,}5 \ O$	$3{,}75 \ H$	Fe	$3{,}75$
- 355,9	substances minérales					
	moins:	$23{,}81$ de C				
- 44,49 eau $CO^2 = 32{,}74$		$= \ 8{,}93 \ C$	$42{,}71$ du minerai		$96{,}80 \ Fe$	$139{,}15$
k⁰ 311,41		$118{,}93 \ C$	$74{,}02 \ O$	$3{,}75 \ H$	$96{,}80 \ Fe$	$142{,}90$

L'analyse des gaz du gueulard indique 57,97 vol. pour $^0/_0$ d'azote, et comme l'azote ne peut ni disparaître, ni provenir d'ailleurs que de l'air introduit, le volume d'oxygène introduit en même temps est 79,04 : 57,97 $=$ 20,96 : $x =$ 15,373. Mais comme l'analyse indique une contenance en oxygène de 24,635 en vol., il faut que la différence 24,635 — 15,373 $=$ 9,262 vol. provienne du minerai, du charbon, de l'acide carbonique du minerai et de la castine.

74,02 k⁰ oxygène dans les charges sont $\dfrac{74{,}02}{1{,}43028} =$ m³ 51,7521, cette quantité est alors à l'oxygène en excédant dans les gaz comme 51,7521 : 9,262 et nous pouvons calculer de là, la quantité d'air introduite par heure.

Savoir:

9,262 : 51,752 $=$ 57,79 : $x =$ 322,90 m³ Az
et 9,262 : 51,752 $=$ 15,373 : $x =$ 85,893 m³ O

408,798 m³ air atmosphérique par heure

$= \dfrac{408{,}798}{3600} =$ m³ 0,11356 par seconde.

La quantité d'oxygène introduite par seconde est

$$\frac{85{,}893}{3600} = 0{,}02386 \text{ m}^3 = 0{,}02386 \ . \ 1{,}4328 = \text{k}^0 \ 0{,}034127.$$

0,034127 k⁰ oxygène brûlent pour former de l'oxyde de carbone 0,025595 C, mais les charges contiennent par seconde d'après le calcul $\dfrac{110}{3600} = 0{,}030556 \ C$,

reste 0,004961 C,

qui n'ont pas pu être consumés par l'oxygène de l'air introduit. On se tromperait donc beaucoup, si on pensait que cet excédant de carbone vient d'une faute de l'analyse, car cet excédant se produit par la réduction directe du carbone fixe et en donne le montant.

Comme ni le manomètre, ni le nombre de coups de piston de la machine, ne donnent un point de repère suffisamment exact pour déterminer la quantité d'air introduit, il serait inutile de vouloir calculer cette quantité à priori et d'estimer ainsi la vitesse à donner à la machine soufflante, c'est par des expériences qu'il faut la déterminer au juste.

Le volume d'air détermine, il est vrai, le temps de passage, c'est à dire, les heures dont on a besoin pour transformer et faire arriver dans le foyer, le fer contenu dans les charges de minerais; mais justement, ce temps de passage est celui de tous les facteurs qui se présentent dans le haut-fourneau, qui peut être le moins déterminé à priori et qui est le plus fréquemment variable, puisque les minerais et le coke provenant d'une même mine changent souvent de richesse. Il est heureux aussi que l'achèvement de la réduction des oxydes puisse encore avoir lieu par le carbone fixe, pour empêcher, que, par une traversée éventuellement trop courte, une partie du fer reste dissoute dans le laitier à l'état d'oxydule.

Chapitre XXXVI.

Prix de revient de la pression du vent.

Si un cylindre de soufflerie doit fournir 1 m^3 d'air par seconde, et que la vitesse du piston soit de 1 m, il faut une section de piston de 1 m^2 qui recevra successivement les pressions de 0,01, 0,02, 0,03, qui corréspondent aux pressions sur cette section de 135,63, 271,26, 406,89 k^0 et à autant de kilogrammètres. En les divisant par 75, on obtient le nombre de chevaux-vapeur qu'il faut employer pour la pression et comme 3 k^0 de charbon sont nécessaires par heure et par cheval-vapeur, on obtient la consommation de la machine en combustible, en multipliant le nombre de chevaux par 3.

Ce produit est encore augmenté par les frottements de toute espèce, pertes de vent, espace nuisible dans le cylindre, et pour lesquels il faut encore ajouter au moins 25 pour %.

C'est sur ces données qu'est basé le tableau suivant.

Pression en Centimètres de mercure.	Consommation par heure par 1 m.³ par seconde.	Pression en Centimètres de mercure.	Charbon consommé par heure par 1 m.³ par seconde.
1	6,51	11	71,61
2	13,02	12	78,12
3	19,53	13	84,65
4	26,04	14	91,16
5	32,55	15	97,67
6	39,06	16	104,18
7	45,57	17	110,69
8	52,08	18	117,20
9	58,59	19	123,71
10	65,10	20	130,22

Il y a des hauts-fourneaux qui exigent jusqu'à 6 m^3 par seconde, et on a alors la consommation totale en multipliant le nombre de m^3 par la consommation par un m^3.

Chapitre XXXVII.

Economie de combustible par la pression du vent.

Dans son traité de métallurgie (Braunschweig 1853, tome II, page 138) Scheerer dit:

„Supposons deux hauts-fourneaux de pareille construction, exploités avec un même mélange de minerais, une quantité de combustible relativement égale et une même quantité d'air, l'un A marchant à une pression d'air beaucoup plus faible que l'autre B; on peut donner en moins à ce dernier une quantité de combustible relativement correspondante, jusqu'à ce qu'il arrive à la même production que A.“

Nous pouvons bien admettre que Scheerer n'aurait pas établi cet axiôme, si des expériences sérieuses faites par lui ou par d'autres, ne l'en avaient convaincu. Néanmoins, il est probable que ces observateurs se sont trompés, au moins en partie.

Supposons, par exemple, qu'on introduise par seconde 1 m³ d'air à 0⁰ sous 0,76 de pression, il pourrait brûler 0,1575 k⁰ de carbone et par heure 567 k⁰ de carbone, soit 600 k⁰ de charbon de bois. Si ce volume d'air est dans le fourneau A sous la pression de 0,03 de mercure, et dans le fourneau B sous celle de 0,09, ce volume se réduit à 0,96204 et 0,89411 m³.

Si maintenant, la température dans les deux fourneaux etait sans pression 2800⁰, avec les pressions précédentes elle atteindrait 2910⁰ et 3131⁰, alors la quantité d'air introduite serait à ces températures 11,222 et 11,154 m³, par conséquent presque la même; ainsi la résistance de la colonne de fusion ne deviendrait pas plus grande, si par l'augmentation de la force dans la proportion de 3 : 9, la vitesse n'augmentait pas, mais dans ce cas, la consommation de combustible deviendra plus grande dans l'unité de temps et par conséquent naturellement la quantité produite.

La proportion entre le gaz réducteur et la contenance en oxyde de fer des minerais ne sera pas changée par une consommation plus rapide, mais ces derniers restent moins longtemps exposés au courant de gaz et sont par conséquent beaucoup moins complètement réduits; ainsi l'achèvement de la réduction par le carbone fixe, sous l'influence d'une température plus haute de 221⁰ dans l'ouvrage, peut avoir lieu sans marche crue. C'est le même cas qui se présente avec le vent chaud : il passe plus de charges et la qualité du produit est moindre.

Mais si on diminue le combustible jusqu'à ce que l'on arrive à une traversée normale, il faut bien considérer qu'un volume de charbon de bois ne pèse que le ¹/₁₀ du même volume de minerai et que par conséquent, il vient dans la cuve par chaque kil. de combustible en moins, 10 k⁰ de minerai en plus, et si nous admettons ce dernier jusqu'à une contenance de 30 pour ⁰/₀ de fer = 43 p. ⁰/₀ oxyde de fer, nous avons néanmoins pour 4,3 k⁰ en plus d'oxyde de fer, 2,33 en moins de gaz CO, ce par quoi la réduction directe par le carbone fixe en demeure encore infiniment plus grande. Si en diminuant le combustible dans les charges, on continuait à introduire encore la même quantité d'air effective qu'auparavant, le temps de traversée et la réduction directe en deviendraient plus grands, en ce qu'une moindre quantité de combustible serait plus rapidement consumée par la même quantité d'air. Le temps de traversée, ainsi que la réduction directe, trouvent leurs limites, en ce que chaque unité pondérable de carbone qui sert à la réduction directe, absorbe 2400 calories, ce qui abaisse tellement la température dans l'ouvrage, que cette réduction directe cesse complètement et qu'il s'obstrue par des matières solides.

L'erreur, sur laquelle est basée l'axiome de Scheerer, consiste sans doute, en ce que dans les hauts-fourneaux A et B, on ne souffle pas les mêmes quantités d'air; le calcul de ces quantités ayant toujours été fait comme și l'air s'écoulait dans une espace libre, sans tenir aucun compte de la résistance de la colonne de fusion.

Comme nous l'avons démontré, ou peut augmenter la production par une pression plus élevée du vent avec la même quantité d'air, en diminuant la contenance des charges en charbon, le quantum de traversée pourra redevenir normal, mais la réduction directe sera plus grande et le produit plus mauvais.

La pression augmentée de 0,06 a produit dans l'ouvrage une augmentation de température de 221°. Comme 1 k⁰ de carbone, sous cette pression, produit une température de 2910°, la chaleur spécifique des produits reste dans ce cas proportionnelle au carbone brûlé, ces 221⁰ correspondent à une diminution de consommation de carbone de 0,076 k⁰, ce qui donne pour une charge faite par heure 43,092 k⁰ carbone ou 45,6 k⁰ charbon de bois que l'on pourra mettre en moins.

Maintenant, la pression d'air augmentée de 0,06 exige un effort utile qui, exprimé en houille à 3 k⁰ par cheval-vapeur, représente 39 k⁰ (voir chap. XXXVJ).

Il suit de là que l'économie de cette manière de procéder est complètement illusoire.

Chapitre XXXVIII.

Calcul de la résistance de la colonne de fusion.

Quoique l'irrégularité des morceaux qui existe dans les matières composant les charges, ne permette pas un calcul exact de la résistance de la colonne

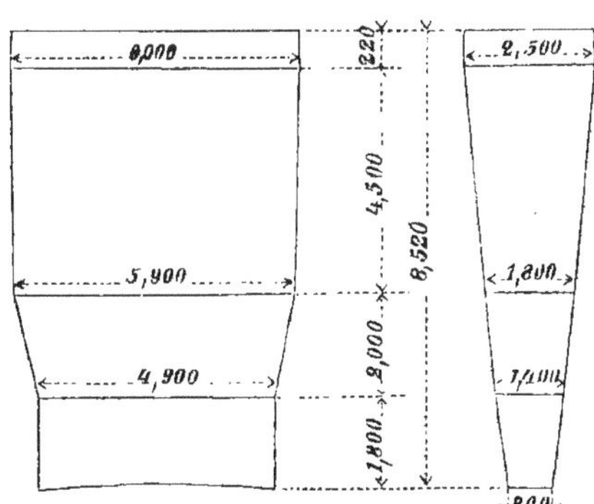

de fusion, la méthode que nous avons donnée pour ce calcul dans le chapitre XIV a une grande valeur pour comparer les résistances dues à la construction différente des hauts-fourneaux, ou les méthodes diverses de marche de ces appareils.

Pour faire cette comparaison, nous prendrons pour base la marche établie à Seraing lorsque Ebelmen y a analysé les gaz (chapitre XXV) et la calculerons pour la forme du haut-fourneau de Raschette placée en marge.

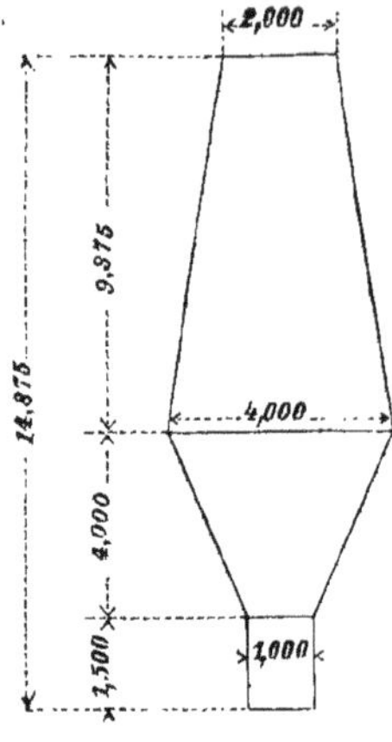

Comme le haut-fourneau de Seraing compte, déduction faite de la zone de gazéfaction, une capacité de 113,8 m³ et ceux en marge 82 m³, la transmission dans ces derniers sera de $\frac{113,8}{82} = 1$ plus grande, et nous aurons de la sorte au lieu de 1044 calories à porter en compte pour ceux-ci 1461 calories; d'où la température, pour la limite inférieure de la zone de gazéfaction sera:

$$\frac{4704 - 1461}{2,19913} = \frac{3243}{2,19913} = 1474^0.$$

C'est ainsi que les limites de température de la zone de fusion deviennent $= 1474^0$ et 800^0 et l'absorption de chaleur dans ces zones

pour la préparation
<pre>
    800⁰ à 1474⁰ = k⁰ 1,465 coke   × 674 × 0,341183 = 337 U. C. ⎫
    800⁰ à 1100⁰ = k⁰ 1   fer   × 300 × 0,149691 = 45 -   ⎬ = 675 cal.
    800⁰ à 1300⁰ = k⁰ 2,205 laitier × 500 × 0,2658065 = 293 -   ⎭
</pre>
par transmission . . . . 712 × 1,4   = 997 -
par la chaleur latente
<pre>
            de k⁰ 1 fonte brute = 139   = 139 - ⎫
            de k⁰ 2,205 laitier × 70   = 132 - ⎬ = 1268 -
</pre>

Dans la zone de réduction l'absorption est:

par le chauffage préparatoire
<pre>
    de 500⁰ à 800⁰ = k⁰ 1,465 coke   . 300 . 0,263693 = 116 U. C. ⎫
       500⁰ à 800⁰ = k⁰ 2,381 minerai . 300 . 0,224300 = 160 -   ⎬ = 414 cal.
       500⁰ à 800⁰ = k⁰ 0,824 castine   . 300 . 0,557654 = 138 -   ⎭
</pre>
chaleur de combinaison
<pre>
            de k⁰ 0,461 castine   . 110   = 50 - ⎫
par transmission . . . . 409 . 1,4   = 572 - ⎬ = 622 -
</pre>

Dans la zone de préparation, l'absorption de chaleur est:

pour le chauffage préparatoire de
<pre>
    0⁰ à 500⁰ = k⁰ 1,456 coke   . 500 . 0,186197 = 136 U. C. ⎫
    0⁰ à 500⁰ = k⁰ 2,381 minerai . 500 . 0,185920 = 221 -   ⎬ = 469 cal.
    0⁰ à 500⁰ = k⁰ 0,824 castine   . 500 . 0,273284 = 112 -   ⎭
</pre>
par transmission   182 . 1,4   = 255 -
par chaleur latente
<pre>
        de k⁰ 0,044 eau × 536,67 . . . . .   = 23 - ⎫
contenance de chaleur des gaz évacués . . . . = 230 - ⎬ = 508 -
</pre>

De là résultent les volumes de zones ci-après:
<pre>
    zone de fusion   1558 : 675 = 82 : x = m³ 35,526 ⎫
    zone de réduction   1558 : 414 = 82 : x = m³ 21,790 ⎬ = 82 m³.
    zone de préparation 1558 : 469 = 82 : x = m³ 24,684 ⎭
</pre>

Pour calculer ensuite les résistances de la colonne de fusion, nous avons d'abord à désigner les limites de zone dans la coupe verticale du haut-fourneau et à déterminer la hauteur verticale de chaque zone.

Les limites de chaque zone ont des températures déterminées, et pour procéder plus exactement, nous diviserons chacune d'elles en 4 ou 5 portions verticales également éloignées et nous pourrons déterminer la température moyenne proportionnelle de chaque portion de même que sa section.

Les formules qui nous servent à déterminer la résistance sont d'après le chapitre XIV :

$\dfrac{KCF}{4S}$. p pour le frottement et np pour les contours, où K représente le coefficient de frottement $= 0{,}024$, CF la surface de contact, S la section de l'espace libre entre les morceaux de combustible et p la hauteur de pression correspondante à la vitesse.

La grandeur de la surface de contact dépend de la grosseur des morceaux ; s'ils étaient uniformes et si nous en connaissions exactement les dimensions, notre calcul se rapprocherait assez de la réalité ; mais si cela n'a pas lieu, nous pouvons néanmoins par une hypothèse quelconque, rendre comparables les résistances des diverses formes du haut-fourneau. Nous supposons que les morceaux ont un diamètre de $0{,}05$, par conséquent 1 m³ en contiendrait $\left(\dfrac{1000}{50}\right)^2 = 8000$ morceaux. La surface extérieure de chaque morceau $= 0{,}05^2 \times \pi = 0{,}007854$ m², par conséquent la surface de contact par m³ $= 8000 \times 0{,}007854 = 62{,}832$ m².

Mais comme les capacités de cuve que nous avons à calculer, contiennent tantôt plus, tantôt moins de 1 mètre cube, il faut que nous fassions la formule de telle sorte que le volume de l'espace soit multiplié par la constante $62{,}839$. Désignons, par conséquent, la hauteur verticale de l'espace considéré par h, sa section par S, la section libre entre les morceaux $= S \times 0{,}2146$ $= So$ et la formule sera $hS = \dfrac{KCF}{4So} \cdot p$.

Pour définir la valeur de p, il faut que nous connaissions d'abord le volume de gaz qui passe par la cuve dans une seconde. Le haut-fourneau de Seraing produit par heure 708 k⁰ de fonte d'affinage et par seconde $0{,}1266$, mais comme nos hauts-fourneaux sont $\dfrac{82}{113{,}8}$ plus petits, cette production se réduit à $0{,}1417$. Maintenant, comme 1 k⁰ de fer demande $1{,}333$ k⁰ de carbone $= 3{,}111$ k⁰ CO plus $5{,}852$ k⁰ Az et que ces derniers ensemble à 0 sous $0{,}76$ donnent un volume de $7{,}143$ m³, nous avons à porter en compte $0{,}1417 \times 7{,}143 = 1{,}01216$. Nous désignerons ce volume par V, mais il n'est nullement constant : au commencement, il n'y a ni oxyde de carbone, ni azote, mais seulement de l'air atmosphérique ; plus tard, il s'augmente par l'adjonction de l'hydrogène, de l'eau, etc. Nous ne pouvons cependant pas porter ces modifications en ligne de compte, par contre il est indispensable que nous considérions les températures décroissantes de bas en haut, qui changent considérablement le volume des gaz. On obtient le volume dilaté par la chaleur de ce dernier $= V$ en le multipliant par $1 + 0{,}003665\, t$ où t est la température et le produit $= Vo$.

La plus haute température dans le plan des tuyères est :

$$\frac{8000}{2{,}9337} \cdot \frac{1}{1 - \dfrac{0{,}680193}{7{,}2337}} = 3545^0 \ \text{(chapitre VII)}.$$

Si on détermine la température t pour chaque section de la cuve, le volume $= Vo$, la section So, la vitesse sera $\dfrac{Vo}{So} = v$ et de là, la hauteur de pression $\dfrac{v^2}{2g}$.

Le nombre des contours que les gaz ont à suivre est égal au quotient du diamètre des morceaux dans la hauteur de la coupe verticale de la cuve $= n$.

C'est de cette manière que nous avons calculé les tableaux suivants.

Hauteur au dessus de la pierre de fond.	Hauteur de la coupe verticale de la cuve. h	Température. t	Volume à 0^0 V	Volume à t^0. V_0	Section de la coupe. S	Section de l'espace vide. S_0	$\dfrac{V_0}{S_0} = r$	$\dfrac{r^2}{2g} = p$	u	Fourneau de Rachette. $hS\dfrac{KCF}{4S_0}\cdot p$	np	Total.
Mètre.	Mètre.	Degré.	Mètre³.	Mètre².	Mètre².	Mètre².	Mètre.	Mètre.	Mètre.	Mètre.	Mètre.	Mètre.
0	0	3545	1,01216	14,162	3,92	0,811	16.885	14,438	7,000	9,180	103,95	113,08
Zone de gazéfaction.	0,3596	2855	—	11,603	4,90	1,061	11,034	6,209	7,187	3,922	44,635	4 ,5
	0,3596	2165	—	9,043	5,86	1,202	7,167	2,619	7,187	1,6554	18,838	20,4934
1,0788	0,3596	1474	—	6,480	6,86	1,472	4,402	0,988	7,187	1,3327	15,294	16,6267
Zone de fusion.	0,7686	1389	—	5,979	8,00	1,717	3,483	0,618	15,479	0,8343	9,5744	10,4087
	0,7686	1204	—	5,478	9,86	2,009	2,727	0,379	15,479	0,5116	5,8718	6,8834
	0,7686	1069	—	4,978	10,80	2,318	2.148	0,295	15,479	0,3173	3,8409	3,9582
	0,7686	924	—	4,440	11,375	2,431	1,826	0,170	15,479	0,2294	2,6834	2,8628
3,8430	0,7686	800	—	3,990	11,850	2,543	1,565	0,125	15,479	0,1244	1,4291	1,5565
Zone de réduction	0,5682	700	—	3,609	12,405	2,662	1,855	0,0937	11,443	0,0933	1,0724	1,1657
	0,5682	600	—	3,238	12,980	2,775	1,167	0,0694	11,443	0,0693	0,7946	0,8639
1,0704	0,5682	500	—	2,867	13,455	2,887	0,983	0,0502	11,443	0,0556	0,6375	0,6931
Zone de préparation	0,6297	367	—	2,373	13,980	3,000	0,791	0,0319	12,681	0,0353	0,4048	0,4401
	0,6297	233	—	1,876	14,505	3,113	0,603	0,0183	12,681	0,0205	0,2350	0,2555
1,8891	0,6297	100	—	1,383	15,000	3,219	0,429	0,0094	12,681	0,0094	pour la vitesse effective d'écoulement.	0,0094
8,5156												227 3714

Hauteur au dessus de la pierre de fond. (Mètre.)	Hauteur de la coupe verticale de la cuve. h (Mètre.)	Température. t (Degré.)	Volume à 0°. V (Mètre.³)	Volume à $t°$. V_0 (Mètre.²)	Section de la coupe. S (Mètre.²)	Section de l'espace vide. S_0 (Mètre.²)	$\frac{V_0}{S_0}=r$ (Mètre.)	$\frac{r^2}{2g}=p$ (Mètre.)	u (Mètre.)	Fourneau cylindrique. $hS\dfrac{KCF}{4S_0}\cdot p$ (Mètre.)	up (Mètre.)	Total. (Mètre.)
Zone de gazéfaction.	0	3315	1,01216	14,162	0,79	0,1695	83,536	255,86	0	312,63	0	312,65
	0,5	3085	—	13,309	0,79	0,1695	78,504	314,27	10	272,30	3558,6	3830,90
	0,5	2855	—	12,456	0,79	0,1695	73,470	275,26	10	241,92	3142,7	3384,52
	0,5	2625	—	11,603	0,79	0,1695	68,442	238,86	10	239,02	2752,6	2991,62
	0,5695	2395	—	10,750	1,53	0,3283	32,740	54,662	11,39	54,686	622,6	677,286
	0,5695	2165	—	9,897	2,54	0,5451	18,136	16,810	11,39	16,818	191,47	208,288
	0,5695	1935	—	9,043	3,90	0,8155	11,090	6,271	11,39	6,275	71,43	77,705
	0,5695	1705	—	8,190	5,30	1,1374	7,201	2,644	11,39	2,6455	80,119	82,7645
4,3470	0,5695	1474	—	7,837	7,07	1,5172	4,886	1,192	11,39	1,1231	13,582	14,7051
Zone de fusion.	0,5361	1362	—	6,480	9,06	1,9485	3,320	0,564	10,72	0,5815	6,0409	6,5784
	0,5361	1250	—	6,064	11,34	2,4336	2,492	0,316	10,72	0,2982	3,3936	3,6938
	0,5362	1138	—	5,640	12,57	2,6975	2,094	0,223	10,72	0,2106	2,3979	2,6085
	0,5362	1026	—	5,234	11,34	2,4306	2,151	0,236	10,72	0,2221	2,5288	2,7509
	0,5362	914	—	4,818	10,46	2,2447	2,146	0,235	10,72	0,2259	2,5181	2,7450
3,2170	0,5362	800	—	4,403	9,62	2,0644	2,133	0,232	10,72	0,2326	2,4867	2,7195
Zone de réduction	0,5714	725	—	3,980	8,81	1,8906	2,105	0,226	11,43	0,2268	2,5827	2,8095
	0,5714	650	—	3,702	8,04	1,7254	2,145	0,235	11,43	0,2336	2,6856	2,9212
	0,5715	575	—	3,309	7,30	1,5666	2,236	0,255	11,43	0,2560	2,9142	3,1702
3,2858	0,5715	500	—	3,145	6,60	1,4163	2,220	0,251	11,43	0,4439	2,8684	3,3123
Zone de préparation.	1,0049	420	—	2,867	5,31	1,1395	2,516	0,323	20,10	0,5698	6,4916	7,0614
	1,0049	340	—	2,570	4,71	1,0108	2,543	0,329	20,10	0,5820	6,6121	7,1941
	1,0049	260	—	2,273	4,15	0,8906	2,553	0,332	20,10	0,5866	6,6726	7,2592
	1,0049	180	—	1,977	3,63	0,7790	2,537	0,328	20,10	0,5796	6,5921	7,1717
5,0246	1,0050	100	—	1,660	3,14	0,6738	2,598	0,317	20,10	0,5595	6,3711	6,9906
												11589,8649

Maintenant, il faut observer avant tout que, comme nous l'avons déjà démontré antérieurement (chapitre XXIII), la zone de gazéfaction n'est réellement pas remplie de coke, mais les morceaux de ce combustible y nagent en quelque sorte, de manière que la résistance en devient plus petite, parce que, comme ces calculs le démontrent, c'est précisément la zone de gazéfaction qui amène une résistance infiniment grande.

Le manomètre du haut-fourneau de Seraing accusait 0,05 de mercure, ce qui équivaut à une colonne de gaz de 571 mètres, par conséquent $\frac{571}{11589} = \frac{1}{200}$, ainsi dans une hauteur d'ouvrage de 1,75 m, il n'y aurait pas de résistance, c'est à dire à peu près au milieu de la zone de gazéfaction que nous avons calculée. En déduisant de la résistance calculée dans le fourneau de Raschette, les deux premiers articles, la résistance se réduit dans ce fourneau à une colonne de gaz de 66 m, ce qui correspond environ à 0,007 de mercure, de même en retranchant les résistances des cinq premières sections dans le fourneau cylindrique, on arrive à peu près à la résistance indiquée par le manomètre.

Par conséquent, la pression d'air nécessaire sera, toutes circonstances égales d'ailleurs, pour le haut-fourneau Raschette 0,007 et pour le fourneau rond 0,05 de mercure, et la consommation de charbon pour produire la vapeur de la soufflerie sera :: 5 : 33.

Chapitre XXXIX.

Considérations et conclusions sur ce qui précède.

J'espère avoir fait voir clairement au lecteur, par ce qui précède, comment la marche du haut-fourneau peut être modifiée de différentes manières; j'espère en outre lui avoir démontré comment chaque facteur isolé, en lui donnant une valeur numérique, influe sur la marche du haut-fourneau.

Nous avons démontré qu'une portion de ces facteurs agit exclusivement sur la production en donnant la quantité au détriment de la qualité, tandis que d'autres améliorent la qualité mais obligent à une production limitée.

L'idéal du travail technique industriel parfait, n'est pas : produire à volonté tantôt une bonne qualité et une quantité moindre, tantôt une grande quantité et une qualité moindre; mais bien une marche qui considère au même titre la quantité et la qualité ainsi que l'économie de la production.

Ce qui a entravé jusqu'à présent les progrès de l'industrie du fer, c'est de ne pas voir bien clairement ce qui se passe dans le haut-fourneau, puis les préjugés inhérents au métier, qui rendaient plus difficile une connaissance plus nette.

C'est ainsi que la croyance qu'il faut pour la fusion du fer une température beaucoup plus élevée qu'elle ne l'est en réalité, a produit cet axiôme absurde: „que la marche est d'autant plus avantageuse que la température est plus élevée.“

Avant tout, un maximum de température est nécessaire, lorsque le minerai n'a pas été réduit dans la zone de réduction, parce qu'alors il absorbe beaucoup de chaleur dans la zone de fusion, ainsi, s'il n'y avait pas une chaleur suffisante, les matières à demi liquides pourraient se figer; mais cette haute température n'est pas nécessaire, lorsque le minerai arrive dans la zone de fusion où il est réduit complètement ou au moins pour la plus grande partie. Mais pour qu'il soit possible de réduire complètement le minerai, il est nécessaire avant tout d'avoir ùne quantité suffisante d'oxyde de carbone qui provient de la combustion du charbon introduit dans les charges; mais si la quantité de charbon augmente, la température augmentera aussi, attendu qu'après que la transmission de chaleur à travers les parois, a eu lieu, celle-ci augmente en proportton du carbone brûlé. On ne peut concevoir, sans une quantité suffisante de charbon, une réduction convenable du minerai; d'un autre côté, une plus grande quantité de charbon est contraire à la réduction par la haute température de la zone de fusion qui augmente le volume, et par suite réduit celui de la zone de réduction; la diminution de la zone de réduction amoindrit aussi le temps pendant lequel le minerai et le CO sont en contact, et par suite la réduction même. Pour éviter cet inconvénient, il faut ajouter des minerais dont la contenance en fer soit moindre, et si on n'a pas de minerai pauvre, il faut y substituer de la chaux ou d'autres substances minérales. Le volume de la zone de fusion diminue alors par cette quantité de matière à laitier dans laquelle la même chaleur se répartit, et comme cette quantité de matière à laitier augmente aussi le volume des charges; leur teneur en oxyde de fer reste plus longtemps en contact avec CO.

La chaleur absorbée en apparence inutilement par les matières à laitier, n'est pas une perte, parce que ce que la réduction demande, n'est pas une grande quantité de chaleur, mais une température entre 500 et 800⁰ et surtout autant que possible une grande quantité de CO.

Mais une trop grande quantité de matière à laitier est nuisible, surtout quand elle est contenue dans le minerai, parce qu'elle occupe dans la zone de réduction un espace qui pourrait être plus avantageusement utilisé s'il était rempli d'oxyde de fer.

Par suite, si nous pouvons diminuer autrement que par de grandes quantités de laitiers l'excédant de chaleur produite par le carbone, nous rendrons le volume de la zone de fusion plus petit, celui de la zone de réduction plus grand, la contenance en oxyde de fer plus riche, et nous augmenterons la production sans nuire à la qualité du produit.

Nous pourrons alors mettre dans les charges la quantité de carbone qui suffira pour réduire complètement les mélanges riches en fer, avant qu'ils pénètrent dans la zone de fusion.

Une autre cause qui limite le volume de la zone de réduction, est la présence de la zone de préparation. Elle est indispensable, la réduction ayant besoin pour se faire, d'une certaine température. Mais cette zone, suivant la place qu'elle occupe dans le haut-fourneau, comporte 3 désavantages importants.

D'abord, elle ajoute aux gaz du gueulard toute la contenance en eau des charges et par suite diminue beaucoup leur utilisation postérieure; ensuite, elle absorbe une partie de la chaleur de ces gaz, ce qui en rend l'emploi utile encore moins avantageux, pendant que si on avait employé au chauffage préparatoire des charges une partie du gaz exempt d'eau et à 500⁰, ce chauffage pourrait se faire d'une manière plus économique. Enfin, elle exige une augmentation de pression du vent qui est d'autant plus grande que la section de cette zone est plus petite.

Ce qui s'oppose surtout à une réduction prompte et complète des minerais, c'est que les gaz produits dans la zone de gazéfaction contiennent outre l'oxyde de carbone, 65,344 pour ⁰/o d'azote, abstraction faite de l'hydrogène libre et de l'acide carbonique provenant de l'addition de la castine et produites par la réduction elle-même.

Quoiqu'on sache que l'hydrogène libre est préférable à l'oxyde de carbone comme moyen de réduction, même lorsqu'ils sont tous les deux purs et quoique le premier absorbe plus promptement et plus complètement l'oxygène, il reste sans action sur lui dans la cuve du haut-fourneau. Cette inertie de l'hydrogène ne peut être attribuée à aucune autre cause qu'à la grande dilution dans laquelle il se trouve dans la cuve du haut-fourneau. En faisant passer de l'oxyde de carbone pur, dans une certaine mesure, sur de l'oxyde de fer, la réduction se fait beaucoup plus rapidement et plus complètement que si l'on avait employé de l'oxyde de carbone résultant de la combustion du C dans l'air atmosphérique, car alors il est en diffusion dans l'azote, ce qui démontre que dans la marche du haut-fourneau cette dilution est un mal qui, s'il n'est pas très grand, n'est cependant pas nécessaire.

Mon but principal était d'obvier en partie à ces grands inconvénients, après m'être familiarisé intimement par une étude spéciale de toutes les conditions de la marche actuelle, et mes efforts n'ont pas été sans succès.

Mes résultats sont consignés et brevetés dans les principales contrées de l'Europe sous le titre : *Procédé pour l'élimination partielle de l'azote dans les produits de combustion.* A l'abri de ce brevet, je vais décrire dans le chapitre suivant l'application de ce système dans les hauts-fourneaux, ce qui permettra au lecteur de se convaincre que, par cette voie, on peut augmenter la production sans nuire à la qualité du produit.

Chapitre XL.

Procédé pour éliminer partiellement l'azote dans les produits de combustion.

Si on fait passer un volume de CO_2 sur des charbons, ou sur une substance quelconque contenant du C, chauffées au rouge, $1/2$ volume de C sera absorbé et il se formera 2 volumes CO.

En brûlant ce CO avec l'air atmosphérique, il se forme 2 volumes CO_2 mélangés avec 3,771 volumes d'azote. Si on remet ces produits de combustion chauds en contact avec du charbon incandescent, il se forme 4 volumes CO mélangés avec 3,771 azote, par suite, moitié moins que n'en contiennent les gaz des hauts-fourneaux ; la contenance en CO s'augmente alors de 34,65 p. $^0/_0$ à 51,47 p. $^0/_0$.

Deux volumes $CO = 2{,}503$ k^0 produisent par leur combustion $2400 \times 2{,}503$ $k^0 = 6007$ calories ; les produits de combustion sont :

$$\left. \begin{array}{l} k^0 \ 3{,}933 \ CO_2 \\ k^0 \ 4{,}738 \ Az \end{array} \right\} \text{dont la chaleur spécifique} = \left\{ \begin{array}{l} 0{,}85108 \\ 1{,}1562 \end{array} \right\} 2{,}00728,$$

la température résultante est par conséquent $\dfrac{6007}{2{,}00728} = 2292^0$ C.

Les 3,933 k^0 de CO_2 contiennent 1,0727 k^0 C et pendant que CO_2 se réduit encore une fois en CO, il en absorbe autant et prend 2400 calories par kilo, par suite 2574 calories. En conséquence, la température finale de la zone de gazéfaction sera, sans compter les pertes par la transmission et le chauffage préparatoire du charbon :

chaleur spécifique de k^0 5,006 $CO = 1{,}2410$ ⎫
id. k^0 4,738 $Az = 1{,}1562$ ⎭ 2,3972

$$\frac{6007 - 2574}{2{,}3972} = 1432^0 \ C;$$ par le chauffage préparatoire du charbon, cette température devient $1432 \cdot \dfrac{1}{1 - \dfrac{0{,}40898}{2{,}3972}} = 1726^0.$

On voit par l'élévation de cette température, que s'il se produit encore quelques pertes par la transmission des parois, la chaleur suffirait cependant pour traiter les charges ordinaires.

Mais si, par ce procédé, il est possible de fondre des minerais riches avec un minimum de matières à laitiers, la chaleur latente absorbée dans la zone de fusion augmentera. Si, par exemple, la proportion du laitier à la fonte est $1:2$ au lieu de $2:1$, la chaleur latente absorbée sera $60 + 2 \cdot 139$ au lieu de $2 \times 60 + 139$, puisque la chaleur latente du laitier $= 60$, et celle de la fonte 139, et en marchant pour obtenir de la fonte grise, on aurait $60 + 2 \cdot 175$ contre $2 \cdot 60 + 175$.

En considération de cette absorption plus grande, une élévation de température pourrait avoir lieu, sans que l'on ait à craindre une réduction directe du fer dans les laitiers. Cette élévation de température sera facile à obtenir, si on chauffe d'avance aussi bien CO que l'air nécessaire à sa combustion.

1 volume $CO = k^0$ 2,503 absorbent chauffés à

100^0	. . .	62 cal.
200^0	. . .	126 -
300^0	. . .	187 -
400^0	. . .	248 -
500^0	. . .	310 -

4,916 volumes d'air $= k^0$ 6,177 absorbent chauffés à

100^0	. . .	150 cal.
200^0	. .	301 -
300^0	. . .	452 -
400^0	. . .	603 -
500^0	. . .	753 -

C'est ainsi que par le chauffage préparatoire de l'air et du gaz à 500^0, la température à la limite de la zone de gazéfaction deviendra:

$$\frac{(6007 + 310 + 753) - 2574}{2{,}3972} \cdot \frac{1}{1 - \dfrac{0{,}49616}{2{,}3972}} = 2365^0 \ C.$$

Maintenant vient la grande question: Le CO pur, peut-il se produire à assez bon marché en quantité suffisante?

Nous ferons connaître dans un chapitre à part les méthodes pour produire ce gaz facilement en grandes quantités. Quelle que soit la méthode que l'on choisisse, suivant la localité, elles ont toutes ce point commun: qu'elles nécessitent de grandes quantités de chaleur, qui peuvent être obtenues sans frais, comme nous allons le démontrer, quand on emploie pour les obtenir les gaz sortant du haut-fourneau, en ayant soin qu'ils arrivent au point où on les emploiera sans refroidissement et, autant que possible, privés d'eau, car la richesse du gaz obtenu de cette manière, n'est pas seulement propre à la réduction du minerai, mais on peut tirer de leur emploi un usage plus étendu.

Comme le principe de ce procédé, que nous venons de décrire, le montre : $1/4$ du carbone servant à l'alimentation du haut-fourneau, sert à produire CO^2, $1/4$ à réduire ce CO^2 en CO et la $1/2$ sert comme coke ou charbon de bois dans les charges, dans la cuve et dans la zone de gazéfaction.

Que le CO^2 soit extrait d'un calcaire on produit par la distillation de la houille, le prix de revient pour cette portion de C consommé sera 0, parce que les produits accessoires chaux et coke ont leur valeur.

On peut obtenir le deuxième quart du carbone exigé en se servant de déchets de toute espèce, comme il y en a surtout dans les laminoirs, dont la valeur ne représente que la $1/2$ de celle du coke, qui sans cela serait nécessaire dans les charges du haut-fourneau.

Calculant le coke à 5 francs la tonne, il y aura économie de 1,25 $=$ 25 p. $0/0$. Il faut, bien entendu, des dépenses et de la main d'œuvre pour faire marcher les appareils, mais pour la consommation de une tonne de charbon par heure deux ouvriers suffisent pour fournir la quantité de gaz nécessaire; ainsi on n'a à dépenser que 0,50 et pour le capital immobilisé par les appareils encore 0,25 par heure, il reste toujours une économie nette de 20 pour $0/0$.

Abstraction faite de la forme du haut-fourneau qui conviendra le mieux à l'application de ce procédé, la soufflerie contribuera aussi à l'économie, en ce qu'elle demandera moins d'effort, le volume à introduire étant à celui demandé par la méthode ordinaire comme 6,9 : 9,8.

Ce qui fera la valeur de ce procédé aux yeux des praticiens, même de ceux qui ne tiennent pas à la qualité des produits, c'est la possibilité de produire davantage dans l'unité de temps (presque le double), la richesse des gaz réducteurs permettant l'emploi de minerais contenant une plus grande quantité de fer pour $0/0$.

Chapitre XLI.

Production de l'oxyde de carbone.

Dans les chapitres III et IV : Influence de la température sur l'action de la combustion et sur la surface de contact, j'ai déjà indiqué les conditions dans lesquelles se forme l'oxyde de carbone. Lorsque dans mes expériences de réduction, j'ai voulu déterminer l'influence de quantités plus fortes d'oxyde de carbone par rapport à l'azote présent; j'avais alors à produire de grandes quantités du premier gaz et j'ai profité de cette circonstance pour reconnaître la méthode la meilleure et la plus économique de le produire.

Pour les quantités qui m'étaient nécessaires, la préparation avec un cyanure et l'acide sulfurique est la plus commode et la moins chère : 0,100 de sel donnent 35 litres de gaz.

Mais si dans les expériences qui ont provoqué la préparation de l'oxyde de carbone, il a été démontré qu'une augmentation de ce gaz dans le haut-fourneau a un effet assez favorable pour supporter les frais considérables de la production de ce gaz à l'état pur, le problème est devenu de la sorte doublement important.

Des expériences relatées antérieurement, il résulte que la réduction de CO_2 en CO s'effectue d'autant plus rapidement et complètement que le charbon avec lequel le premier gaz arrive en contact est à une température plus élevée. Mais une haute température coûte plus cher qu'une basse dans le rapport des carrés de ces températures, d'autre part la vitesse et l'achèvement de la réduction croissent dans une proportion analogue, de manière qu'une progression annule presque l'autre. Dans ces conditions, une température modérée est préférable à tous égards : la durée des appareils étant plus grande et le traitement plus facile.

Les expériences faites démontrent que le carbonate de chaux se décompose complètement en 2 heures, quand la température du fourneau est de 1000^0 et que la largeur de la cornue dans laquelle la décomposition s'effectue, ne dépasse pas 0,25. A la même température, la réduction demande 1770 m² de surface de contact pour 1 m³ d'acide carbonique par seconde. 1 m³ de castine en morceaux pèse 1300 k⁰ qui contiennent 572 k⁰ de $CO_2 = 291$ m³; mais comme le temps nécessaire à la décomposition est de 2 heures ou 7200 secondes, la cornue où se fait cette décomposition donne par seconde m³ $= 0,04$ de CO_2 et la surface de contact exigée est $1770 \times 0,04 = 70,8$ m², et comme 1 m³ de combustible en morceaux de 0,04 diamètre offre 78 m² de surface de contact, des cornues analogues peuvent suffire pour la décomposition et la réduction. Mais comme le CO_2 produit par des cornues de 1 m³ absorbe 156 k⁰ C, et que 1 m³ coke pèse 400 k⁰, il y aura avantage à prendre le volume des cornues de réduction deux fois plus grand pour ne procéder au remplissage que toutes les 4 ou 5 heures.

3 m³ d'espace de cornues fourniraient par conséquent à l'heure 364 k⁰ CO qui contiennent 156 k⁰ C dont la $^1/_2$ provient de la pierre à chaux et l'autre moitié du combustible des cornues de réduction. Quand on peut tirer parti des 728 k⁰ chaux que l'on y gagne, l'opération est beaucoup plus économique que si l'on avait produit la chaux dans des fours spéciaux. Comme 1300 k⁰ de carbonate de chaux exigent 312 à 390 k⁰ houille, tandis qu'un four de distillation silésien à zinc dont la contenance des cornues est de 3,64 m³, chauffé au gaz ne consomme par heure que 67,5 k⁰ de houille, ce qui fait pour 2 heures et 3 m³ de contenance de cornue 111 k⁰ qui donnent 156 k⁰ CO_2. L'obtention de $(156-111) \cdot 12 = 540$ k⁰ en 12 heures est plus avantageuse que la plus-value des appareils, leur entretien et la main d'œuvre. L'autre moitié de C contenu dans l'oxyde de carbone peut être encore trouvée aussi bien en prenant de petits morceaux de coke et des déchets qu'en employant des morceaux plus grands et ayant un meilleur emploi. Comme les premiers sont sans grande valeur vénale, même dans quelques cas sans valeur aucune, cette moitié de C peut se procurer à bon compte. Le gaz obtenu est aussi bon que si on l'avait produit par le coke dans le haut-fourneau.

Si cependant le carbone consommé dans le haut-fourneau doit être obtenu ainsi en quantité considérable, il pourrait arriver que la production de la chaux devint plus grande que son emploi, et il serait plus avantageux de la remplacer par une autre substance. Le moyen le plus simple et le plus commode est alors de faire réduire de l'oxyde de cuivre ou de fer par les produits de la distillation de la houille ou d'autres matières susceptibles de produire ce résultat : il se forme alors de l'eau et du CO_2; la première sera séparée du dernier par le réfroidissement et du CO sera produit en le passant sur des charbons incandescents.

Dans la plupart des cas on choisira du menu charbon, le coke qui en provient, pourra être employé immédiatement dans les hauts-fourneaux.

100 k^0 houille donnent par exemple (suivant leur nature)

    67   k^0 coke et les produits fluides contiennent

    23,68 k^0 C

            qui réduisent 314,551 CuO et forment 86,80 CO^2

et 4,85 k^0 H qui réduit $\underline{192,445\ CuO}$ et forme 43,65 eau

                507,096 CuO.

Pour comparer ce mode de préparation de l'oxyde de carbone avec le précédent, nous calculerons combien il faut de houille pour 572 k^0 CO^2 quand 100 houille en donnent 86,8; il vient

    659   k^0 houille qui donnent 441,5 k^0 coke,

    156,05 k^0 carbone,

            qui réduisent 2072,86 CuO et produisent 572 k^0 CO^2,

et 31,96 k^0 hydrogène,

            qui réduisent $\underline{1268,81}$ - - -   287,6 k^0 eau.

              3341,67 CuO.

Si on condense l'eau et qu'on conduise l'acide carbonique dans des cornues remplies de menu charbon incandescent, il sera encore absorbé 156 k^0 carbone et nous aurons besoin, comme plus haut, de 70,8 m^2 de surface de contact correspondant à 1 m^3 de menu charbon que pour plus de sûreté, nous porterons à 2 mètres^3.

Comme la distillation de la houille demande 6 heures et 1 heure pour vider le coke et réoxyder l'oxyde de cuivre, il faut que les cornues contiennent 2306 k^0 houille et 11696 k^0 CuO. Comme 1 m^3 de houille pèse 850 k^0, la capacité des cornues serait 2,71 m^3, ensuite 1 m^3 CuO pèse 2009 k^0, mais pour plus de sûreté en en mettant $^1/_3$ de plus, la capacité de la cornue sera augmentée de 7,79 m^3.

De la sorte, pour 2 heures, il faut

        2,71 m^3 pour la houille,

        7,79 m^3 pour oxyde de cuivre,

        $\underline{2,00\ m^3}$ pour menu de houille,

        12,50 m^3 cornues à 1000^0.

Ce qui donne par heure une consommation de 229 k^0 houille pour produire 156 k^0 carbone sous forme de CO.

Ici les produits accessoires sont 441,5 coke qui ont donné 188 k^0 de gaz combustibles dont 156 k^0 ont passé dans la production finale de CO; par conséquent, la consommation se réduit à 229 — 78 $=$ 151 k^0 houille.

Comme le menu de charbon employé pour la réduction de CO^2 qui pour la production de 156 k^0 C en forme de gaz a été de 78 k^0 ne peut être compté plus de la $^1/_2$ du prix de la houille, la consommation de houille pour chauffer les cornues sera compensée en ce que 229 k^0 de houille ne représentent que 156 k^0 CO.

Les cornues, remplies de CuO, ne sont ouvertes que le temps nécessaire pour faire rentrer assez d'air pour la réoxydation; pour que cette opération soit rapidement terminée, on les met en communication avec un appareil d'aspiration qui fait passer dans une heure 416,3 k^0 oxygène, par conséquent par 2 cornues reliées à une cornue à charbon, 1787 k^0 d'air ou 0,385 m^3 par seconde.

Pendant que le cuivre s'oxyde, on vide les 441,5 k^0 de coke obtenus et on cherche à avoir rempli les cornues quand l'oxydation est terminée. Lorsque l'on prépare le CO au moyen de la pierre à chaux, ce gaz est immédiatement recueilli sous une cloche, et on a soin que la pression y soit nulle ou négative plutôt que positive; si au contraire on emploie la dernière méthode que nous venons de décrire, c'est alors le CO^2 qui passe d'abord dans la cloche et de là ensuite dans les cornues de réduction. Comme le CO doit être envoyé dans le haut-fourneau avec une certaine température, on peut le faire passer directement des cornues dans cet appareil, ce qui donne à ce procédé un avantage sur celui où l'on emploie la chaux.

Une troisième méthode pour produire du CO, basée sur l'utilisation des scories de puddlage ou de déchets semblables, serait la suivante:

On pulvérise le laitier, opération qui n'est ni difficile ni coûteuse, on le mélange avec du charbon pulvérisé aussi, et on en forme avec da la chaux éteinte une masse plastique dont on fait des boules que l'on fait sécher à l'air.*)

J'ai fait préparer de ces boules avec 105 parties laitiers, 105 de chaux et 25 de charbon; l'oxydule de fer s'y trouve très rapidement réduit en 1/4 d'heure, aussitôt que la température atteint 800°. 1 m³ de ces boules pèse 91 k^0, il contient de la sorte:

40,7 laitier de puddlage $= 6,9\,Si^2O^3$, 18,5 fer métallique, 5,3 O, 10 subst. étrangères,
40,7 chaux $\qquad\qquad = 40,7$ chaux
9,6 charbon $\qquad\qquad\qquad\qquad\qquad\qquad\qquad\qquad$ 9,6 charbon,

il en résulte:

18,5   fer métallique,
9,275 CO,
5,625 excedant de charbon,
6,9 } Si^2O^3,
40,7 } chaux,
10,0   substances étrangères, } 63,225 qui restent avec 18,5 de fer en résidu.

Si on porte ensuite les boules réduites dans le gueulard du haut-fourneau, le fer n'a plus besoin d'être réduit et on gagne ainsi sur le volume de la zone de réduction pour le fer non réduit qu'on y ajoute; les boules absorbent alors dans la zone de fusion une quantité de chaleur plus grande qui en réduit le volume.

Cette réduction n'est certainement pas sans frais, car si 1 m³ de boules ne donnent que 3,975 C, 156 k^0 exigent un espace de cornue de 19,5 m³, qui demandent à être remplies deux fois par heure. Ceci demanderait 362 k^0 de houille que nous pouvons cependant remplacer par les gaz du gueulard, car sans cela k^0 721,5 fer métallique non fondu, ne seraient guère un équivalent pour 362 k^0 houille, excepté dans des localités où les minerais se payent cher.

D'ailleurs, dans les circonstances ordinaires, cette utilisation des laitiers de puddlage serait préférable pour la qualité du produit au mode actuel qui consiste à les ajouter aux charges.

---

*) *Note du traducteur.* On pourrait employer pour faire cette opération économiquement une des nombreuses machines à faire les briques connues.

Chapitre XLII.

Utilisation des gaz du haut-fourneau.

Les gaz du gueulard du haut-fourneau au coke de Vienne, analysés par Ebelmen, contenaient:

$$\begin{aligned}
\text{Vol. } 10{,}938\ CO^2 \ldots &= \text{k}^0\ 21{,}511, \\
-\quad 23{,}841\ CO \ldots &= -\ 29{,}837, \\
-\quad 2{,}342\ H \ldots &= -\ 0{,}210, \\
-\quad 57{,}335\ Az \ldots &= -\ 72{,}045, \\
-\quad 5{,}544\ \text{vapeur d'eau} &= -\ 4{,}462, \\
\hline
\text{Vol. } 100{,}000. \qquad\qquad &\quad \text{k}^0\ 128{,}065.
\end{aligned}$$

La contenance en eau est par conséquent, suivant les poids, 3,5 pour ^{0}/o et les gaz resteront saturés de vapeur, quand même on les refroidirait à 35 ou 36^0, ainsi on ne peut pas améliorer les gaz par le refroidissement.

Les k^0 29,837 CO nécessitent pour leur combustion 17,049 O et les 0,21 H = 1,68, ces 18,729 O amènent k^0 61,653 azote dans les produits de combustion qui ont alors la composition suivante:

$$\left.\begin{array}{l}
\text{k}^0\ \ 68{,}407\ CO^2 \\
\text{k}^0\ 133{,}698\ Az \\
\text{k}^0\ \ \ 6{,}352\ \text{vapeur d'eau}
\end{array}\right\} \text{dont la chaleur spécifique est} \left\{\begin{array}{l} 14{,}803 \\ 32{,}622 \\ 3{,}017 \end{array}\right\} 50{,}442.$$

Les 29,837 k^0 CO brulés produisent . . . . 2400 = 71609 cal.

et les 0,21 k^0 H produisent . . . . 34000 = 7140 -

78749 cal.

moins la chaleur latente de k^0 1,98 eau formée . . . . . = 1062 -

77687 cal.

la température qui en résulte est alors $\dfrac{77687}{50{,}442} = 1540^0\ C.$

Si on éliminait, toutes choses égales d'ailleurs, l'azote suivant le procédé que nous avons décrit, et de même toute la vapeur d'eau, les gaz auraient la composition suivante sans tenir compte de l'hydrogène, qui provient principalement de l'air introduit par la soufflerie et par conséquent arrive en moindre quantité puisqu'il n'y a que la $^1/_2$ d'air introduit.

$$\left.\begin{array}{l}
\text{Vol. } 51{,}641\ CO = \text{k}^0\ 64{,}628 \\
-\quad 48{,}359\ Az = -\ 60{,}675
\end{array}\right\} \begin{array}{l}\text{qui demandent pour leur combustion } 29{,}652\ O, \\ \text{qui amène avec soi} \ldots \ldots\ 97{,}610\ Az,\end{array}$$

d'où résultent les produits de combustion suivants:

$$\left.\begin{array}{l}
\text{k}^0\ \ 94{,}280\ CO^2 \\
-\ 158{,}375\ Az
\end{array}\right\} \text{dont le poids spécifique est} \left\{\begin{array}{l} 23{,}372 \\ 38{,}643 \end{array}\right\} 62{,}015,$$

la production de chaleur est k^0 64,628 CO à 2400 = 155107 cal. et la température qui en résulte $\dfrac{155107}{62{,}015} = 2501^0\ C.$

Mais si les gaz s'écoulent à une température de 500^0, ils contiennent encore

$$\left.\begin{array}{l}
64{,}628 \times 0{,}2479 . 500 = 7828 \\
60{,}765 \times 0{,}2440 . 500 = 7413
\end{array}\right\} 15241 \text{ cal.}$$

et alors la température sera $\dfrac{155107 + 15241}{62{,}015} = 2747^0\ C.$

Bien entendu, le CO^2 qui se forme par la réduction et qui s'est mélangé au gaz n'est pas compté, si nous l'évaluons à $^1/_3$ du C, il nous reste encore 113565 calories par 100 mètres cubes de gaz.

Comme 100 m³ de ce gaz contiennent 27,697 C, d'après cette supposition, 1 k⁰ C qui parviendrait dans le fourneau, produirait dans les gaz

$$\frac{113565}{27,697} = 4100 \text{ calories.}$$

Chapitre XLIII.

Application de l'élimination partielle de l'azote.

En produisant de la fonte grise, le haut-fourneau de Mägdesprung fournit, suivant le chapitre XXIX, 94 k⁰ de fonte à l'heure avec un volume de zone de réduction de 10,753 m³ et un temps de passage de 14 heures 9 minutes, avec une consommation de carbone de k⁰ 1,373 par k⁰ de fonte.

Le minerai contient 27 pour $^0/_0$ de fer et le combustible est du charbon de bois; la capacité de la cuve est 25,35 m³.

Choisissons pour l'application du système de l'élimination partielle de l'azote un haut-fourneau de Raschette qui a une capacité de cuve de 81,3 m³ et substituons au charbon de bois, du coke contenant 80 pour $^0/_0$ C, nous pouvons admettre, qu'à cause de la moindre déperdition des parois, k⁰ 1,333 C suffira pour produire 1 k⁰ fonte.

Pour obtenir des charges plus riches en fer, sans cependant prendre un minerai qui se réduise plus difficilement que celui de Mägdesprung, nous prendrons un hydrate qui contient 36 pour $^0/_0$ de fer.

Là dessus pour 1 k⁰ de fer il y a 1,400 laitier, 0,159 CO^2 et 0,218 HO = k⁰ 2,777 minerai, puis k⁰ 1,333 carbone + 0,26 matière à laitier = k⁰ 1,359 coke et enfin 0,01 chaux pour se combiner avec l'acide silicique.

Après la fusion le laitier pèse = 1,4 + 0,01 + 0,26 = k⁰ 1,670 pour 1 k⁰ fonte ou 1,333 k⁰ carbone.

Comme la moitié du carbone sous forme de CO est soufflée dans le haut-fourneau, nous avons:

$$\frac{1,333}{2} = 0,666 \; C = 1,554 \; CO \text{ qui à 2400 produisent } \dots \dots \dots 3729 \text{ cal.,}$$

l'autre moitié, qui réduit de nouveau le CO^2 formé en CO, absorbe au contraire . . . . 0,666 × 2400 = 1598 -

par conséquent, la chaleur produite est . . . . 2131 cal.

Pour la combustion de ces 1,554 CO il faut

$$0,888 \; O, \text{ qui amène avec lui } 2,923 \; Az,$$

de là, résultent

$$0,888 + 1,554 + 0,666 =$$

$$\left.\begin{array}{l} \text{k}^0 \; 3,108 \; CO \\ \text{- } 2,923 \; Az \end{array}\right\} \text{ dont la chaleur spécifique est } \left\{\begin{array}{l} 0,77004 \\ 0,71322 \end{array}\right\} 1,48326,$$

par conséquent, la température initiale qui en résulte est $= 2131 \cdot \dfrac{1}{1 - \dfrac{0,40898}{7,4832}}$

$= 1984^0.$

Maintenant l'absorption de chaleur dans la cuve est:

pour chauffer k^0 1   fonte   de 1984 à 1200 (moyenne 1597) . $0{,}_{15047}$ $=$ 118
  -   -   - 0,666 carbone   - 1984 à 1300 (-   1642) . $0{,}_{45741}$ $=$ 208
  -   -   - 1,670 laitier   - 1984 à 1300 (-   1642) . $0{,}_{34085}$ $=$ 389
  -   -   - 2,777 minerai   - 1200 à   500 (-   850) . $0{,}_{21563}$ $=$ 491
  -   -   - 0,010 chaux   - 1300 à   500 (-   900) . $0{,}_{30322}$ $=$ 2
  -   -   - 0,679 coke   - 1300 à   500 (-   900) . $0{,}_{31212}$ $=$ 169
chaleur de combinaison de k^0 0,159 CO^2 . 251 . . . . $=$ 40
chaleur latente   - - 1   fonte . 175 . . . . $=$ 175
  -     -   - - 1,670 laitier . 60 . . . . $=$ 100
Evacuation des gaz à 500^0 $=$ $1{,}_{48326}$. 500 . . . . $=$ 781

$\Bigg\} = $ 2473 calories.

En déduisant cette absorption de la production qui est

$$= 1{,}_{48326} . 1984 = 2942 \text{ cal.}$$
$$= 2473 \quad -$$

il reste pour la transmission . . . . . 469 cal.
ce qui est évidemment trop peu.

Ce chiffre trop petit provient de ce que nous avons laisssé perdre toute la chaleur que les 1,554 k^0 CO auraient pu donner par leur combustion directe, savoir 0,666 . 2400 $=$ 598 cal.

Nous sommes par conséquent obligés de restituer une partie de cette chaleur par le chauffage préparatoire de l'air et de l'oxyde de carbone introduits. Suivant le chapitre XL, ces gaz chauffés à 100^0 donnent:

$$\left. \begin{aligned} &= 2{,}_{503} : \ 62 = 1{,}_{554} : x = 38{,}5 \\ &= 6{,}_{177} : 150 = 3{,}_{811} : x = 92{,}5 \end{aligned} \right\} = 131 \text{ cal.}$$

En chauffant à 500, nous aurons:

$$(2131 + 655) . \cfrac{1}{1 - \cfrac{0{,}_{50584}}{1{,}_{48326}}} = 4228 \text{ cal.}$$

il reste pour la transmission $4228 - 2473 = 1755$ cal.

En en comptant 45 pour $^0/_0$ dans la zone de gazéfaction, la température finale de cette zone sera égale à $\dfrac{4228 - 790}{1{,}_{48326}} = 2318^0 \ C.$

Il reste à déterminer si cette température suffit pour fondre toutes les matières à laitier, ou si elle est à la fin de cette opération encore plus haute que le point de fusion.

La quantité de chaleur nécessaire pour la fusion est:

pour chauffer k^0 1   fonte   de 2318 à 1200 (moyenne 1754) . $0{,}_{15647}$ $=$ 175
  -   -   - 0,666 carbone   - 2318 à 1300 (-   1809) . $0{,}_{48647}$ $=$ 330
  -   -   - 1,670 laitier   - 2318 à 1300 (-   1809) . $0{,}_{35961}$ $=$ 611
chaleur latente de fer et de laitier . . . . $=$ 275

$\Bigg\} = $ 1391 cal.

la température est par conséquent $= \dfrac{4228 + 1391 - 790}{1{,}_{48326}} = 1381^0.$

Cette température est de 80^0 trop haute, le point de fusion de laitier ne dépassant pas 1300^0.

Cet excédant de température ne servirait, comme cela a déjà lieu dans la marche actuelle, qu'à augmenter le volume de la zone de fusion, au détriment de celle de réduction.

En chauffant à 100⁰ les gaz introduits dans le haut-fourneau par la soufflerie, la quantité de chaleur produite serait:

$$(2131 + 131)\ \frac{1}{1 - \dfrac{0,43920}{1,48326}} = 3195 \text{ cal.}$$

et il resterait pour la transmission 3195 — 2473 = 722 cal. Quoique fort peu élevé en le comparant aux déterminations antérieures des résultats effectifs de l'opération, ce chiffre est néanmoins justifié par la basse température que nous obtenons et qui diminue la transmission.

En portant encore une fois 45 pour % de la transmission = 325 cal. au compte de la zone de gazéfaction, la température finale sera

$$\frac{3195 - 325}{1,48326} = 1935^0\ C.$$

La chaleur nécessaire pour la fusion sera alors:

pour chauffer k⁰ 1   fonte   de 1935 à 1200 (moyenne 1562) . 0,14848 = 109 ⎫
  -      -   - 0,666 carbone - 1935 à 1300 (-   1617) . 0,44773 = 189 ⎬ = 928 cal.
  -      -   - 1,670 laitier - 1935 à 1300 (-   1617) . 0,33460 = 355 ⎪
chaleur latente du fer et du laitier . . . . = 275 ⎭

La température restante, après la fusion, serait alors:

$$= \frac{3195 - 325 + 928}{1,48326} = 1309^0.$$

Comme nous avons, par les motifs exposés dans le chapitre XXXIX, transporté la zone de préparation au-dessus de la cuve du haut-fourneau, sa contenance de 81,3 m³ se partagera en zone de fusion et zone de réduction. Leur volume se déterminera par le chauffage préparatoire dans les zones d'après l'absorption, qui est pour la zone de fusion:

fonte, laitier, carbone, comme plus haut . . . . . = 653 cal. ⎫
k⁰ 2,777 minerai de 1300 à 800 (moyenne 1050) . 0,23254 = 323 - ⎬ = 1093 cal.
 - 0,010 chaux   - 1300 à 800 (-   1050) . 0,31940 =   1 - ⎪
 - 0,679 coke   - 1300 à 800 (-   1050) . 0,34118 = 116 - ⎭

pour la zone de réduction:

k⁰ 2,777 minerai de 800 à 500 (moyenne 650) . 0,19873 = 165 cal. ⎫
 - 0,010 chaux   - 800 à 500 (-   650) . 0,27624 =   1 - ⎬ = 220 cal.
 - 0,679 coke   - 800 à 500 (-   650) . 0,26369 = 54 - ⎭

par conséquent les volumes sont:

pour la zone de fusion . m³ 67,7 ⎫
pour la zone de réduction m³ 13,6 ⎬ = m³ 81,3.

Le volume excessivement petit de la zone de réduction provient uniquement de la faible contenance des charges en laitier et en coke, et par contre de la grande proportion d'oxyde de fer.

Le haut-fourneau de Mägdesprung a une zone de réduction de 10,753 m³, c'est pour cela que la charge par heure du haut-fourneau de Raschette peut réduire $\frac{13,6}{10,753} = 1,266$ fois plus de fer pour un même temps de traversée. La contenance en fer dans cette zone se double par l'élimination de l'azote, et cette dernière condition fait que nous aurions 2,53 plus de fer que dans le fourneau de Mägdesprung.

La charge par heure, contenant dans ce dernier 94 k⁰ fer, nous aurions alors 94 . 2,53 = 238 k⁰.

$$238 \text{ k⁰ fonte proviennent de } 661 \quad \text{k⁰ minerai} = \frac{661}{1926} = \text{m}^3 \ 0,343$$

$$238 - - \quad - \quad - \quad 2,6 \ - \text{chaux} = \frac{2,6}{1086} = - \ 0,002 \Bigg\} = 0,7475 \ \text{m}^3.$$

$$238 - - \quad - \quad - \ 161 \ - \text{coke} = \frac{161}{400} = - \ 0,4025$$

Le temps de passage dans la zone de réduction sera par conséquent $\dfrac{13,6}{0,7475}$ = 18 heures 11 minutes.

Comparativement au haut-fourneau de Mägdesprung, le temps de passage est de $\dfrac{18,18}{14,13} = 1,289$ plus grand, c'est par cela que nous pouvons faire nos charges par heure ainsi:

$$\text{minerai} \quad \frac{661 \ . \ 1,289}{1926} = \text{m}^3 \ 0,4424$$

$$\text{chaux} \quad \frac{2,4 \ . \ 1,289}{1086} = \text{m}^3 \ 0,0027 \Bigg\} = 0,9626 \ \text{m}^3.$$

$$\text{coke} \quad \frac{161 \ . \ 1,289}{400} = \text{m}^3 \ 0,5175$$

$$\text{et} \quad \frac{\text{m}^3 \ 13,6}{\text{m}^3 \ 0,9626} = 14 \text{ heures 8 minutes.}$$

Ainsi l'élimination de l'azote, la grandeur adoptée pour le haut-fourneau, système Raschette, et le déplacement de la zone de préparation, permettent d'obtenir 238 k⁰ fonte par heure.

Si le haut-fourneau de Raschette était de la même capacité que celui de Mägdesprung, la production à l'heure serait $\dfrac{238}{1,265}$ = k⁰ 188 fonte contre 94 k⁰.

Maintenant, il revient à la charge par heure 161 k⁰ coke = 128,8 k⁰ carbone qui seraient produits sous la forme de CO^2, par exemple de 536,8 carbonate de chaux et 64,4 carbone seront absorbés pour transformer le CO^2 en CO.

La consommation par heure en air à introduire et en CO est : k⁰ 907 et k⁰ 369,8, ce qui fait 701,1 m³ et 295,5 m³ et par seconde m³ 0,19476 et m³ 0,08279.

Les gaz du gueulard, produits par heure, contiennent 739,7 CO et 685,6 Az, mais comme il est absorbé dans la zone de réduction 85 k⁰ oxygène, 149 k⁰ CO seront transformés en 234 CO^2.

La composition des gaz du gueulard sera la suivante:

$$590,7 \ CO = \text{m}^3 \ 472,53 = 41,56 \text{ pour } \%,$$
$$234,0 \ CO^2 = \text{m}^3 \ 118,93 = 10,46 \ -$$
$$687,6 \ Az = \text{m}^3 \ 545,62 = 47,98 \ -$$
$$\text{par heure m}^3 \ 1137,13.$$

1 m³ de ces gaz produit 0,4156 . 3003,6 = 1248 calories, ce qui équivaut à 0,1664 k⁰ houille à 7500 calories et 1137 m³ = 189 k⁰ houille.

La chaleur spécifique des produits de combustion est:

$$CO^2 \text{ m}^3 \ 0,5202 \ . \ 0,42557 = 0,22138 \left.\right\}$$
$$Az \text{ m}^3 \ 0,7845 \ . \ 0,30661 = 0,24055 \left.\right\} = 0,46193,$$

et de là, la température résultante $= \dfrac{1248}{0,46193} = 2702^0 \ C.$

Si le gaz conserve la température de 500^0 jusqu'à sa combustion, il contiendrait encore:

$$0,4156 \ . \ 0,31024 = 0,128940 \left.\right\}$$
$$0,1046 \ . \ 0,42557 = 0,044515 \left.\right\} = 0,274525 \ . \ 500 = 137 \text{ cal.}$$
$$0,4798 \ . \ 0,30661 = 0,101070 \left.\right\}$$

et dans ce cas, la température de combustion serait:

$$\dfrac{1248 + 137}{0,46193} = 2998^0 \ C.$$

Cette température est plus élevée que celle que pourraient donner nos meilleurs foyers, c'est pour cela que ces gaz pourraient être employés dans les fours à puddler ou à rechauffer, cependant ils ne pourraient maintenir en marche qu'un seul de ces derniers, tandis qu'ils pourraient trouver un emploi plus commode et plus facile pour le chauffage préparatoire des charges, des gaz introduits, la production de CO^2, la transformation en CO et à produire la force motrice nécessaire pour la soufflerie, emplois multiples pour lesquels ils pourraient largement suffire.

Le chauffage préparatoire des charges horaires à 500^0 exige:

$$\text{k}^0 \ 661 \quad \text{minerai } 500 \ . \ 0,16492 \ldots = 54506 \left.\right\}$$
$$\text{-} \quad 2,4 \ \text{chaux} \quad 500 \ . \ 0,23308 \ldots = 279 \left.\right\}$$
$$\text{-} \quad 161 \ \text{coke} \quad 500 \ . \ 0,18619 \ldots = 14988 \left.\right\} = 97679 \text{ cal.}$$
$$\text{chaleur latente de } 52 \text{ k}^0 \text{ eau} \times 536,67 \ldots = 27906 \left.\right\}$$

Pour la production de CO^2 de 536,6 carbone, qui occupe l'espace de 0,4 m³, nous avons besoin d'un espace de cornue de $0,4 \times 2 = 0,8$, l'extraction de CO^2 exigeant 2 heures.

Pour la réduction de ces 236,1 k⁰ CO^2, il faut 64,4 C = 80,5 k⁰ de coke, mais comme nous devons avoir du C en excédant, il est plus commode en général, de ne pas remplir trop souvent ces cornues, nous leur donnerons dans ce but un espace de 1,6 m³ renfermant 640 k⁰ coke.

Un fourneau à zinc silésien exige pour 28 moufles, qui ont ensemble une capacité de 4,715 m³, 96 k⁰ houille de Silésie.

$0,8 + 1,6 = 2,4$ m³ d'espace de cornue consomment 49 k⁰ de carbone pour obtenir la température de 1000^0, ce qui fait par heure $49 \ . \ 6607$ . . . . $= 323743$ -

Le chauffage de
$$\text{m}^3 \ 701,1 \text{ air} \left.\right\} = \text{m}^3 \ 996,6 \text{ exige d'après l'expérience au}$$
$$\text{-} \ 295,5 \ CO \left.\right\} \qquad \text{maximum } 996,6 \ . \ 100 \ldots = 99660 \ -$$

L'absorption pour la production de la force de vapeur à environ 0,01 de mercure du manomètre (chap. XXXVIII), sera suivant le chapitre XXXVI

à reporter $= 521082$ cal.

Report = 521082 cal.

pour m³ 0,19476 + 0,08279 = 0,27755 m³ d'air et de gaz par
seconde k⁰ 1,8 charbon à 6500 . . . . = 11700 -

l'absorption totale est alors . . . . = 532782 cal.
tandis que la production par heure du gaz peut donner
1137 m³ . 1248 . . . . = 1418976 cal.

Par conséquent, quelle que soit la quantité des pertes de chaleur ou de gaz,
la moitié au moins de cette chaleur pourrait encore être utilisée à autre chose.

Chapitre XLIV.

Description du haut-fourneau et des appareils nécessaires pour l'élimination partielle de l'azote.

La figure 20 nous montre une coupe longitudinale et verticale du haut-fourneau, la figure 21 une autre faite à angle droit par l'axe transversal.

A est la cuve, B l'ouvrage, $a\,a\,a$ 12 tuyères qui sont vues plus clairement dans la coupe horizontale suivant AB figure 22.

C est la zone de préparation, elle a 3 m³, tandis que le volume des charges par heure n'est pas tout-à-fait 1 m³, de sorte que le minerai et le coke n'y forment qu'une couche de fort peu de hauteur.

La poutre creuse triangulaire DD forme saillie sur les parois du fourneau et est ouverte aux deux extrémités, de façon que par les fentes $b\,b$ l'air peut pénétrer dans l'espace C. De même, les plaques verticales $c\,c$ sont pourvues de fentes $d\,d$, par lesquelles le gaz arrive directement de la cuve dans l'espace C, en se brûlant par l'air de D. Les plaques $c\,c$ sont pourvues de crémaillères par lesquelles peuvent être levées ou baissées, de dehors, toutes deux en même temps par les engrenages $e\,e$. Par l'abaissement, dans la position de la figure, l'espace C est clos; par l'élévation des plaques les charges préparées tombent dans la cuve A.

Il faut que les fentes $b\,b$ et $d\,d$ soient faites assez grandes pour que des quantités suffisantes d'air et de gaz puissent passer.

La plus grande quantité du gaz passe symétriquement latéralement par plusieurs canaux $f\,f$ dans une grande caisse en fonte EE qui forme en même temps une partie du plateau autour du gueulard. Le but de cette caisse est de purifier les gaz de la poussière qu'ils entraînent. L'écoulement s'effectue ensuite plus loin par plusieurs tuyaux FF, noyés dans les murs d'appui GG pour diminuer le refroidissement des gaz.

Les poutres en fonte HH reçoivent un courant d'eau froide par les tuyaux $g\,g$, elle se rend de là dans les tuyères à eau $h\,h$ et s'écoule par les tuyaux $i\,i$.

La figure 23 montre, sur une plus grande échelle, la construction des tuyères à air K et des tuyères à gaz L; toutes deux sont fixées hermétiquement par des brides aux tuyaux d'alimentation K' et L' et la tuyère à gaz est fixée concentriquement à celle à air K.

Les canaux MM sont ceux particuliers aux courants du foyer de la construction Raschette pour la mise en feu du fourneau.

Les figures 24 et 25 représentent deux coupes d'un fourneau à moufles ou à cornues pour la fabrication du CO^2 et sa réduction en CO. Ils sont identiques aux fours à zinc silésiens.

Les gaz brûlants montent en A, passent ensuite entre les moufles et dans les canaux B, d'où ils sont aspirés par quatre cheminées CC.

Les moufles D sont celles, dans lesquelles le CO^2CaO sera décomposé, et les moufles EE celles qui sont remplies de menu de houille. Ces dernières sont reliées avec D par des bouts de tuyaux ff par lesquels le CO^2 pénètre dans les moufles EE. Ils sont munis, près du fond, d'une grille qui laisse passer l'oxyde de carbone qui s'écoule ensuite par les tuyaux hh.

La fermeture des moufles se fait simplement avec un petit mur maçonné avec quelques briques et de la terre glaise mélangée de sable.

De chaque moufle E part une conduite aboutissant dans une bouteille à eau i, représentée sur une plus grande échelle figure 26, pour montrer comment elle est reliée par une fermeture hydraulique avec h et le tuyau collecteur k.

Ce ne sont pas précisément des bouteilles à lavage; mais elles servent à chaque instant à démontrer à l'opérateur que les moufles sont en activité et à lui indiquer quand l'opération est terminée.

Chaque moufle peut contenir 0,135 m³ de carbonate de chaux ou de menu charbon, et comme la production décrite pour la marche dans le chapitre précédant demande 2,4 m³ d'espase de moufle ou de cornue, il faut par conséquent $\dfrac{2,4}{0,135} = 18$ moufles dans un fourneau.

Les figures 27 et 28 représentent la machine soufflante de Fouriet en vue et en coupe : cette machine convient surtout à notre but, parce que nous avons de l'air et du gaz à souffler dans le fourneau, de manière que des cylindres servent pour l'air et d'autres pour le gaz, sans qu'on ait besoin d'un régulateur. Les dimensions de ces machines peuvent être très petites pour pouvoir donner par seconde 0,19476 m³ d'air et 0,08279 m³ de gaz, quoiqu'elles ne soient qu'à simple effet. Pour pouvoir se passer de régulateur, il faut que nous ayons pour ce faible volume de gaz au moins 3 de ces machines, fournissant par seconde 0,08279 m³. Chacune demande 1 seconde par une course de piston et par suite doit pouvoir donner 0,0552 m³ et avoir 0,50 de course par seconde et par suite avoir un diamètre de 0,375. Pour l'air, dans ces conditions de vitesse, il n'en faudrait pas tout-à-fait 8 ou un chiffre inférieur d'un diamètre plus grand. Il faut toujours qu'il y en ait quelques unes de trop pour ne pas interrompre la marche en cas de réparation.

La figure 29 donne un ensemble de toute la disposition. AA est le haut-fourneau, en BB se trouvent les appareils à chauffage de gaz et d'air, $CC'C''C'''$ sont 4 fourneaux de 18 moufles chacun, pour avoir toujours un fourneau prêt en cas de réparation; D est le réservoir à gaz dans lequel on recueille l'oxyde de carbone, c'est de là qu'il est aspiré par les trois cylindres de la soufflerie

$E E' E''$ et est soufflé par les tuyaux $e e e$ dans l'appareil à chauffage préparatoire BB et de là dans le haut-fourneau. Les cylindres soufflants $F F' F'' F''' F''''$ soufflent l'air par le tuyau vertical ff dans un tuyau semblable à $e e e$ qui se trouve au-dessous de lui et le conduit par le même chemin au haut-fourneau. $G G$ est la machine à vapeur qui fait mouvoir les machines soufflantes, et $H H$ représentent 2 groupes de générateurs à vapeur.

Les canaux i, i, i, i conduisent les gaz du gueulard dans le sous-sol à $C C' C'' C'''$ et $H H$ pour chauffer les moufles et les chaudières.

TABLE DES MATIÈRES.

ADDITIONS ET FAUTES A CORRIGER.

Page 12, ligne 8 d'en haut, au lieu de: à brûler, *lisez* : à boules.
» 13, » 10 » » que le feu a été entretenu, *lisez* : en entretenant le feu.
» 13, » 11 » » et que l'on, *lisez* : et l'on.
» 18, » 24 » » j'y fais, *lisez* : j'en fais.
» 19, » 3 » » on l'a poussé, *lisez* : on l'a refoulé.
» 21, » 3 d'en bas » 1000^0, *lisez* : 1200^0.
» 22, » 9 d'en haut » j'ai envoyé de l'air, *lisez* : j'ai envoyé de l'acide.
» 24, » 9 » » dans le feu, *lisez* : dans le fer.
» 26, » 1 » » ni plus de diminution de décuite, *lisez* : ni plus de dilution.
» 29, » 22 d'en bas » un carafe du col, *lisez* : une carafe à col.
» 33, » 13 » » de seconde fusion, *lisez* : de moulage.
» 36, » 7 » » du haut-fourneau pour passer l'embouchure de la tuyère, *lisez* : du haut-fourneau.
» 37, » 16 d'en haut » le creuset, *lisez* : l'ouvrage.
» 31, » 1 » » de zone, *lisez* : de la zone.
» 41, » 2 d'en bas » $p = h\ (1 - Sy)$, *lisez* : $p = h - hsy$.
» 43, » 12 d'en haut » dans le creuset, *lisez* : dans le foyer.
» 44, » 20 » » $\dfrac{1}{0,134487} \times 1175^0$, *lisez* : $0,134487 \cdot 1175^0$.
» 44, » 22 d'en bas » substitution, *lisez* : restitution.
» 44, » 7 » » pour le haut-fourneau, *lisez* : pour les fours à haute température.
» 45, » 15 » » cette dernière quantité, défalquée de la chaleur effective produite, donna, *lisez* : ces dernières quantités défalquées de la chaleur effective produite, donnèrent.
» 45, » 11 » » on a calculé, *lisez* : on a calculé cette chaleur en se fondant.
» 49, » 21 » » colonne thermo-électrique, *lisez* : pile thermo-électrique.
» 50, » 16 d'en haut » pour la houille des, *lisez* : pour le carbone qui s'attache aux parois.
» 50, » 17 d'en bas » n'en diminue pas, *lisez* : en diminue.
» 51, » 5 d'en haut » corps dilatable, *lisez* : corps étendu.
» 51, » 9 » » pas dilatable, *lisez* : pas étendu.
» 52, » 21 » » $A = 1,075$ et $B = 1,064$, *lisez* : $A = 1 : 0,75$ et $B = 1 : 0,64$.
» 52, » 23 d'en bas » Silésie supérieure, *lisez* : haute Silésie.
» 53, » 12 » » qu'il produit, *lisez* : qu'il a produit.
» 54, » 20 » » briques de grès, *lisez* : briques et du grès.
» 55, » 8 » » de 0,015, *lisez* : de 0,15.

Page 56, ligne 5 d'en haut, au lieu de: ces gaz produits, *lisez* : les gaz envoyés.

"   57,   " 12   "   "   chaque opération, *lisez* : chaque observation.

"   57,   " 23 d'en bas   "   dire de la quantité, *lisez* : dire la quantité,

"   57,   " 13   "   "   ne dégageait plus d'oxygène, *lisez* : ne dégageait point d'hyrogène.

"   59,   " 4   "   "   chlorure de calcium, *lisez* : chlorate de potasse.

"   60,   " 7 d'en haut   "   formé primitivement, *lisez* : qui se dégage primitivement.

"   61,   " 10   "   "   par de l'air, *lisez* : par du gaz.

"   61,   " 5 d'en bas   "   traités, dans celui qui vient après, *lisez* : traités.

"   71,   " 7   "   "   de gaz absorbé, *lisez* : d'oxygène absorbé.

"   73,   " 8   "   "   le tube témoin, *lisez* : le dernier tube.

"   75,   " 6 d'en haut   "   se brûle d'abord pour former de l'acide carbonique qui forme par l'absorption de l'autre moitié de l'oxyde, *lisez* : se brûle pour former de l'acide carbonique qui se transforme par l'absorption de l'autre moitié en oxyde.

"   75,   " 9 d'en bas   "   sur les gaz, *lisez* : des gaz.

"   75,   " 1   "   "   zone de réduction, *lisez* : zone de fusion.

"   76,   " 19   "   "   le creuset, *lisez* : l'ouvrage.

"   78,   " 4 d'en haut   "   enfin à répartir, *lisez* : enfin la répartir.

"   89,   " 18 d'en bas   "   point par kilo de fer, on, *lisez* : point, on

"   94,   " 14 d'en haut   "   et il est, *lisez* : et qu'il est.

"   96,   " 17   "   "   se ramollissent plus, *lisez* : se tassent moins.

"   96,   " 19   "   "   ce ramollissement, *lisez* : ce moyen d'éviter le tassement.

"   101,   " 24 d'en bas   "   les proportions, *lisez* : les conditions.

"   104,   " 6 d'en haut   "   fourneau, qui, *lisez* : fourneau, celui qui

"   107,   " 4   "   "   -= 1, *lisez* : = 1,4.

"   112,   " 3 d'en bas   "   fusion où il est, *lisez* : fusion.

Addition à chapitre XV, page 48.

En passant en revue les résultats obtenus par les expériences décrites, j'ai trouvé que l'on peut avoir une approximation de la transmission réelle, si on élève la température de la parois transmettante — t' à la puissance négative — $0,1 + t' . 0,00692$.

Les valeurs de t' étaient pour la transmission effective $=$
$$226^0; 288^0; 346^0; 540^0; 538^0 \text{ et } 540^0.$$

Pour la transmission théorique ces valeurs sont:
$$78^0; 100^0; 121^0; 192^0; 190^0 \text{ et } 192^0.$$

En les élevant à la puissance $t' - 0,1 + t' . 0,00692$, nous avons
$$4,964; 6,209; 7,648; 16,272; 14,112; 16,272$$
et la transmission théorique est

$t'Q =$ chapitre XXVI. $78 . 8,6942 = 678,0$. $100 . 9,4237 = 942,4$. $121 . 10,157 = 1229,0$.
$$192 . 13,104 = 2516,0. \quad 190 . 13,005 = 2471,0$$

elle devient en la multipliant par les valeurs précédentes --
3365, 5851, 9399, 40940, 34871, 40940, tandis que la transmission observée est
3492, 5547, 8325, 36628, 32558, 36040.

On voit que les différences ne sont pas grandes et que l'on peut faire usage de cette formule pour calculer la transmission réelle.

Il est évident que la transmission effective doit être plus forte que la transmission théorique dans un certain rapport avec la valeur t', attendu que la température augmente le courant d'air; cependant cette formule n'est applicable que lorsque l'air n'est pas en même temps mis en mouvement par une autre cause.

L'élimination partielle de l'azote dans les produits de combustion serait un puissant moyen pour aider l'allure du fourneau qui est nécessaire pour la production de la fonte miroitante, et comme aujourd'hui cette qualité de fonte est nécessaire pour la fabrication de l'acier par le procédé Bessemer, j'ai pensé qu'il serait utile de faire quelques expériences dans le but de voir si l'on ne pourrait pas produire de la fonte miroitante avec des minerais moins purs que ceux qui servent actuellement d'une manière exclusive pour cette fabrication.

Dans ce but j'ai procédé exactement comme on procède dans l'essai des minerais par la voie sèche, en fondant dans des creusets brasqués les minerais réduits en poudre avec addition de fondants, seulement j'ai ajouté une certaine quantité de manganèse, soit à l'état pur, soit en combinaison avec d'autres corps.

Les culots obtenus de cette manière avaient tous le caractère de la fonte miroitante, ils étaient très durs et ne renfermaient que fort peu de matières étrangères à l'exception du carbone qui y était toujours à l'état amorphe, c'est-à-dire en combinaison chimique avec le fer.

Ces essais ne sont pas encore assez complets pour que je puisse en publier les détails, néanmoins ce qui est fait m'autorise à dire que l'on parviendra à faire la fonte miroitante avec des minerais autres que les carbonates.

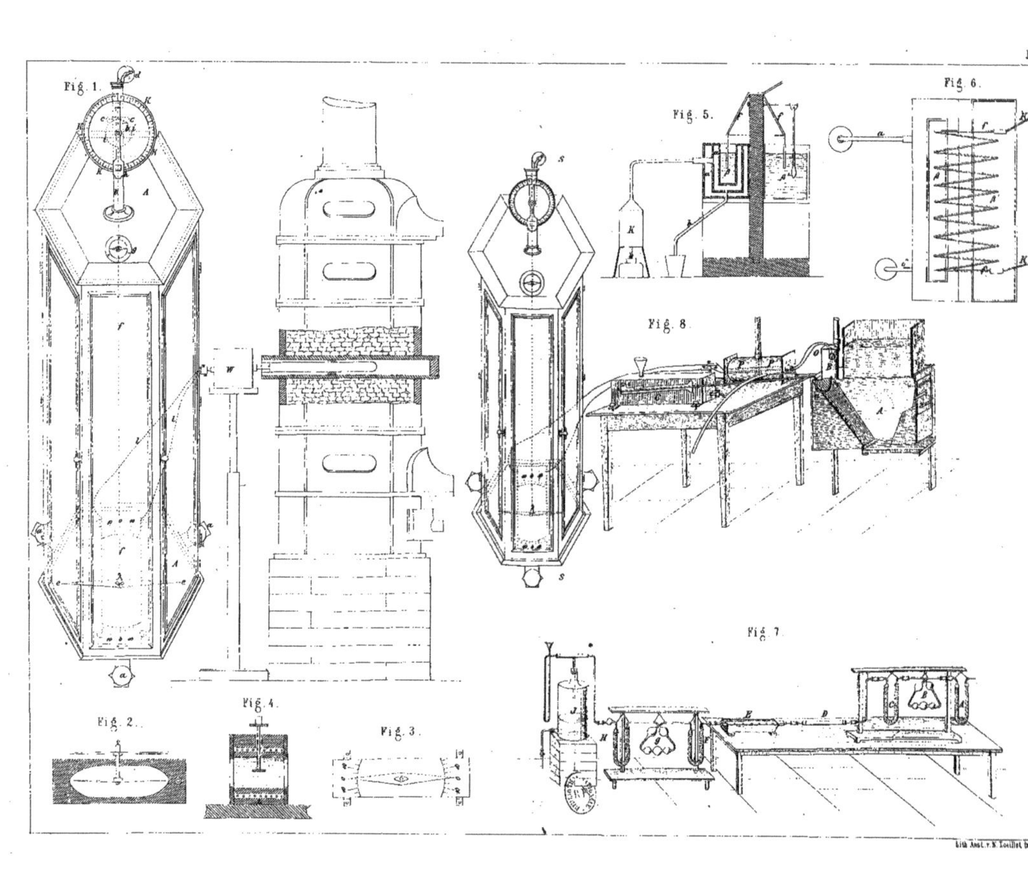

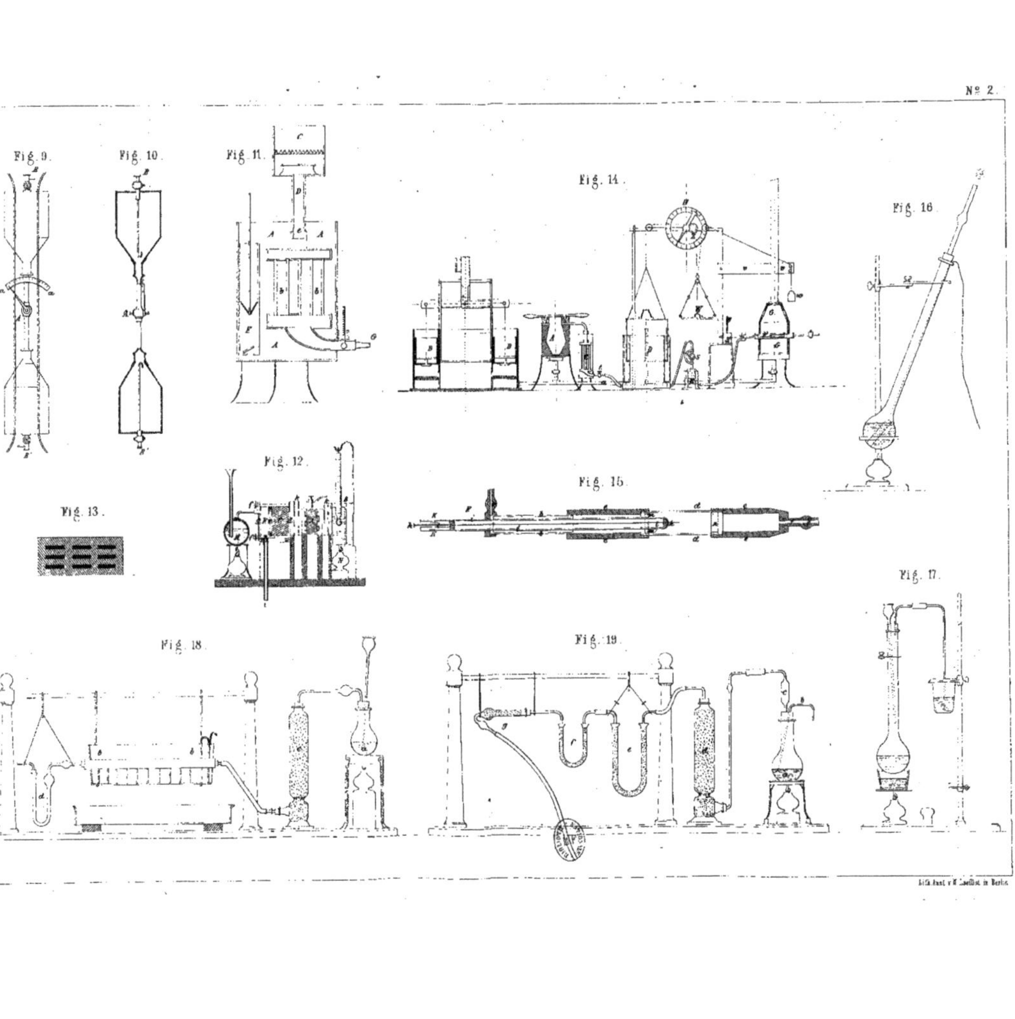

Fig. 9.
Fig. 10.
Fig. 11.
Fig. 14.
Fig. 16.
Fig. 12.
Fig. 15.
Fig. 13.
Fig. 17.
Fig. 18.
Fig. 19.

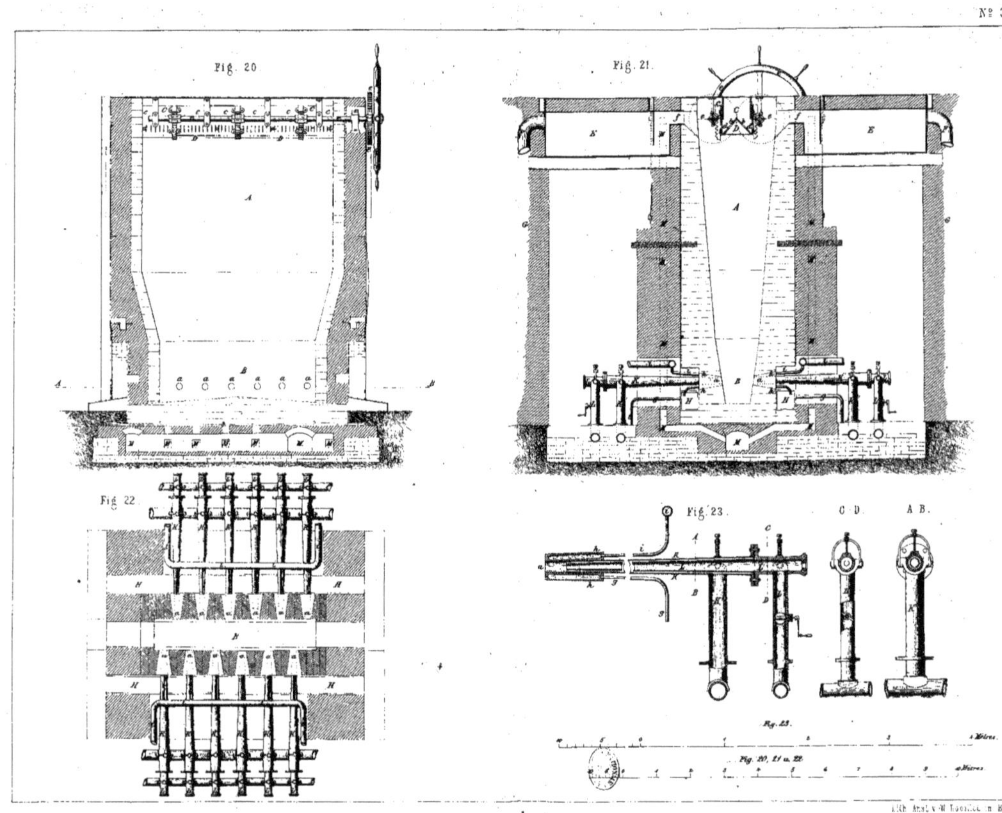
Fig. 20.
Fig. 21.
Fig. 22.
Fig. 23.
C D.
A B.

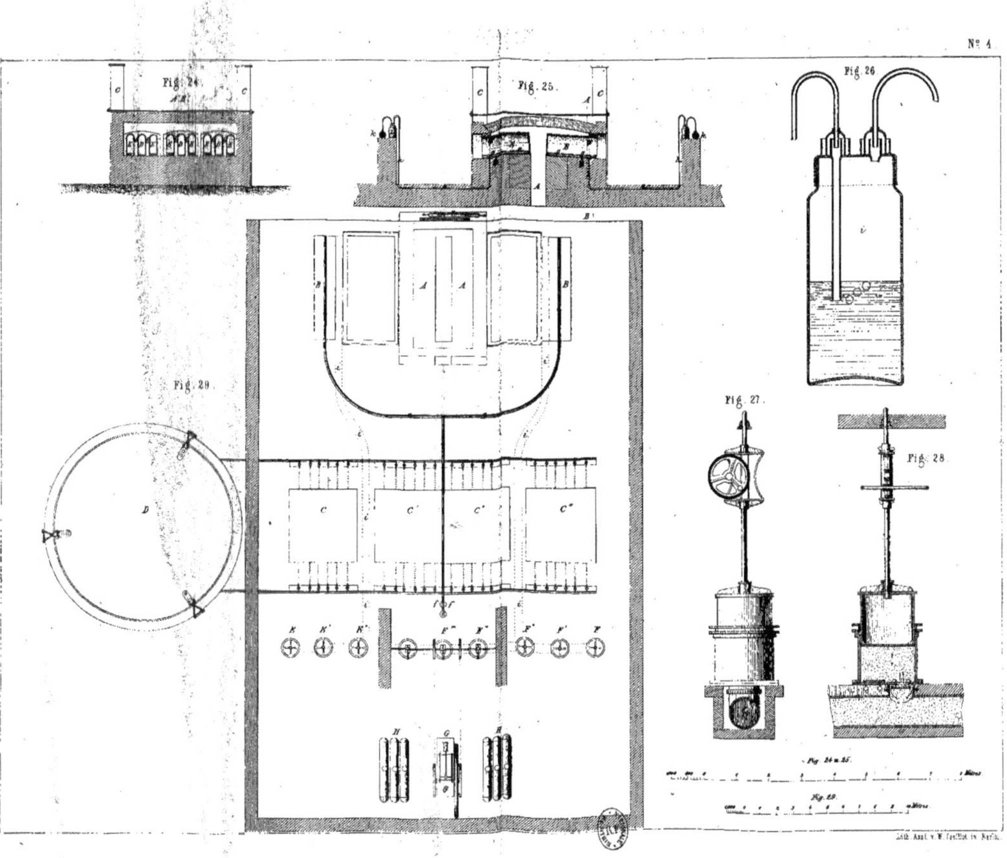

Fig. 24.
Fig. 25.
Fig. 26.
Fig. 29.
Fig. 27.
Fig. 28.